学ぶ人は、変えてゆく人だ。

目の前にある問題はもちろん、

人生の問いや、社会の課題を自ら見つけ、

挑み続けるために、人は学ぶ。

「学び」で、少しずつ世界は変えてゆける。

いつでも、どこでも、誰でも、

学ぶことができる世の中へ。

小学校の理科のだいじなところがしっかりわかるドリル

旺文社

もくじ

編集協力：有限会社マイプラン
装丁イラスト：日暮真理絵
デザイン：小川 純（オガワデザイン），福田敬子（ボンフエゴ デザイン）
校正：株式会社東京出版サービスセンター，下村良枝，平松元子
写真協力：アーテファクトリー，気象庁

本書の特長と使い方

要点まとめ

図やイラストでイメージしながらまるごと復習!

重要!

重要マークがあるところは中学の学習でも重要な内容です。演習もあるので取り組んでみましょう。

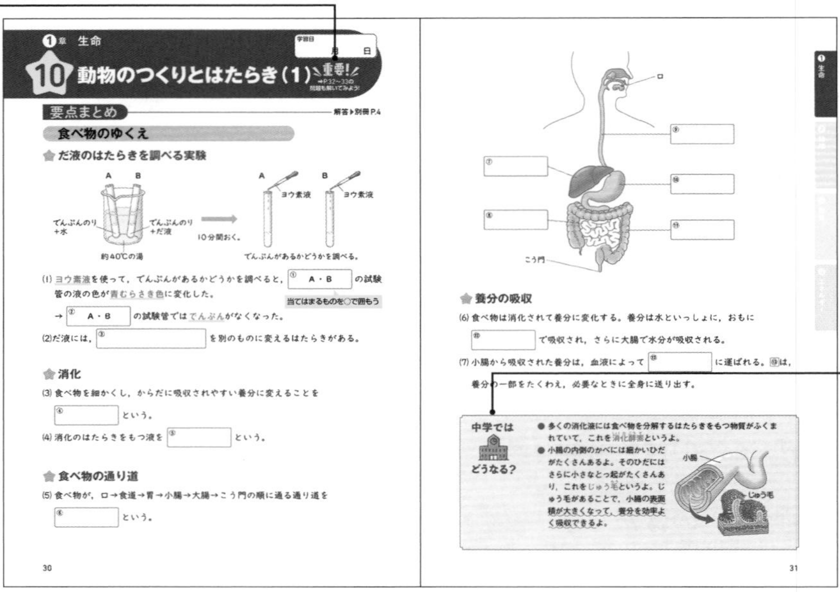
1章 生命
学習日 月 日

10 動物のつくりとはたらき(1)

重要! →P.32〜33の問題も解いてみよう!

要点まとめ 解答▶別冊P.4

食べ物のゆくえ

だ液のはたらきを調べる実験

(1) ヨウ素液を使って，でんぷんがあるかどうかを調べると，① A・B の試験管の液の色が青むらさき色に変化した。 当てはまるものを○で囲もう

→ ② A・B の試験管ではでんぷんがなくなった。

(2) だ液には，③ を別のものに変えるはたらきがある。

消化

(3) 食べ物を細かくし，からだに吸収されやすい養分に変えることを ④ という。

(4) 消化のはたらきをもつ液を ⑤ という。

食べ物の通り道

(5) 食べ物が，口→食道→胃→小腸→大腸→こう門の順に通る通り道を ⑥ という。

30

養分の吸収

(6) 食べ物は消化されて養分に変化する。養分は水といっしょに，おもに ⑫ で吸収され，さらに大腸で水分が吸収される。

(7) 小腸から吸収された養分は，血液によって ⑬ に運ばれる。⑬は，養分の一部をたくわえ，必要なときに全身に送り出す。

中学では どうなる?
● 多くの消化液には食べ物を分解するはたらきをもつ物質がふくまれていて，これを消化酵素というよ。
● 小腸の内側のかべには細かいひだがたくさんあるよ。そのひだにはさらに小さなとっ起がたくさんあり，これをじゅう毛というよ。じゅう毛があることで，小腸の表面積が大きくなって，養分を効率よく吸収できるよ。

31

中学では どうなる?

小学校で学習した内容が，中学でどう発展していくのかを紹介しています。

問題を解いてみよう!

重要マークがある単元は，演習問題でしっかり定着!

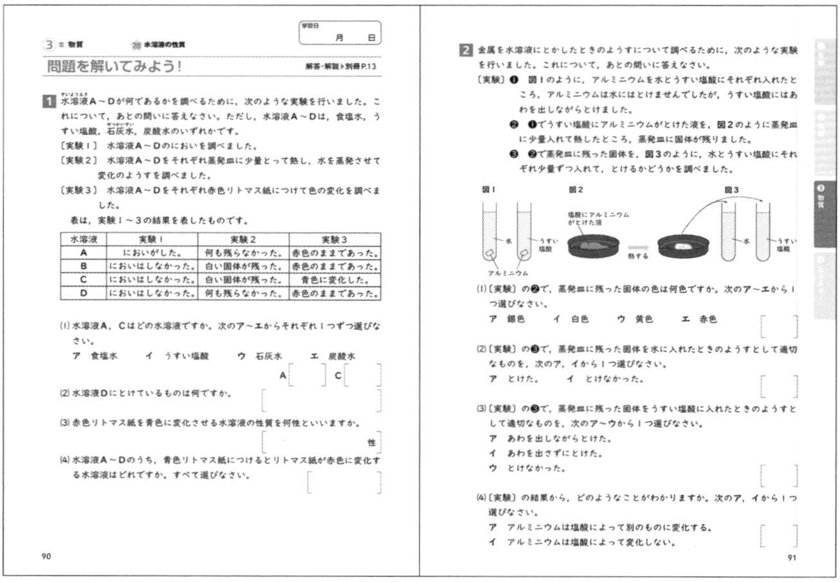
3章 物質 28 水溶液の性質
学習日 月 日

問題を解いてみよう! 解答・解説▶別冊P.13

1 水溶液A〜Dが何であるかを調べるために，次のような実験を行いました。これについて，あとの問いに答えなさい。ただし，水溶液A〜Dは，食塩水，うすい塩酸，石灰水，炭酸水のいずれかです。

〔実験1〕 水溶液A〜Dのにおいを調べました。

〔実験2〕 水溶液A〜Dをそれぞれ蒸発皿に少量とって熱し，水を蒸発させて変化のようすを調べました。

〔実験3〕 水溶液A〜Dをそれぞれ赤色リトマス紙につけて色の変化を調べました。

表は，実験1〜3の結果を表したものです。

水溶液	実験1	実験2	実験3
A	においがした。	何も残らなかった。	赤色のままであった。
B	においはしなかった。	白い固体が残った。	赤色のままであった。
C	においはしなかった。	白い固体が残った。	青色に変化した。
D	においはしなかった。	何も残らなかった。	赤色のままであった。

(1) 水溶液A，Cはどの水溶液ですか。次のア〜エからそれぞれ1つずつ選びなさい。
ア 食塩水 イ うすい塩酸 ウ 石灰水 エ 炭酸水
A[ ] C[ ]

(2) 水溶液Dにとけているものは何ですか。[ ]

(3) 赤色リトマス紙を青色に変化させる水溶液の性質を何性といいますか。[性]

(4) 水溶液A〜Dのうち，青色リトマス紙につけるとリトマス紙が赤色に変化する水溶液はどれですか。すべて選びなさい。[ ]

90

2 金属を水溶液にとかしたときのようすについて調べるために，次のような実験を行いました。これについて，あとの問いに答えなさい。

〔実験〕❶ 図1のように，アルミニウムを水とうすい塩酸にそれぞれ入れたところ，アルミニウムは水にはとけませんでしたが，うすい塩酸にはあわを出しながらとけました。

❷ ❶でうすい塩酸にアルミニウムがとけた液を，図2のように蒸発皿に少量入れて熱したところ，蒸発皿に固体が残りました。

❸ ❷で蒸発皿に残った固体を，図3のように，水とうすい塩酸にそれぞれ少量ずつ入れて，とけるかどうかを調べました。

(1)〔実験〕の❷で，蒸発皿に残った固体の色は何色ですか。次のア〜エから1つ選びなさい。
ア 銀色 イ 白色 ウ 黄色 エ 赤色 [ ]

(2)〔実験〕の❸で，蒸発皿に残った固体を水に入れたときのようすとして適切なものを，次のア，イから1つ選びなさい。
ア とけた。 イ とけなかった。 [ ]

(3)〔実験〕の❸で，蒸発皿に残った固体をうすい塩酸に入れたときのようすとして適切なものを，次のア〜ウから1つ選びなさい。
ア あわを出しながらとけた。
イ あわを出さずにとけた。
ウ とけなかった。 [ ]

(4)〔実験〕の結果から，どのようなことがわかりますか。次のア，イから1つ選びなさい。
ア アルミニウムは塩酸によって別のものに変化する。
イ アルミニウムは塩酸によって変化しない。 [ ]

91

本書は，小学校の内容をまるごと復習し，
さらに中学の学習にもつながる重要なところは問題演習まで行うことで，
中学の学習にスムーズに入っていけるよう，工夫されたドリルです。

完成テスト

完成テストで定着度とのびしろを確認！

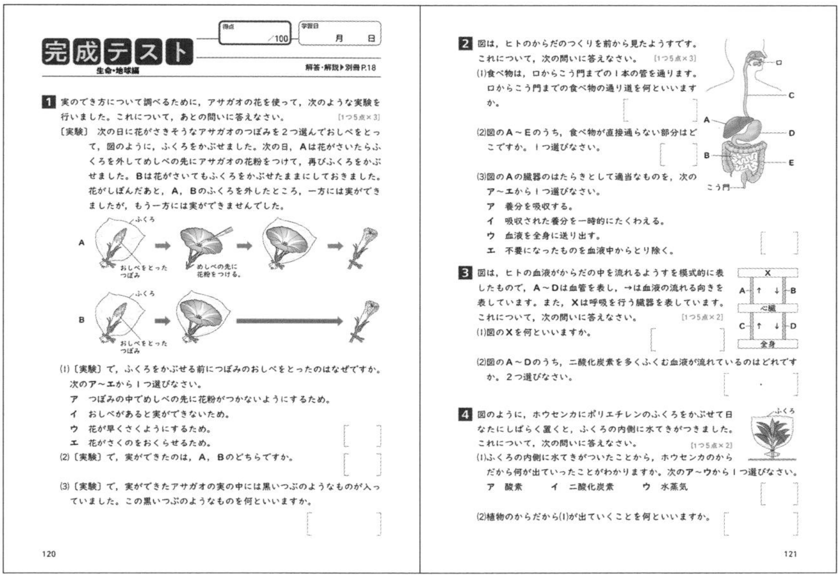

完成テスト　得点 ／100　学習日 月 日

生命・地球編　解答・解説▶別冊 P.18

1 実のでき方について調べるために，アサガオの花を使って，次のような実験を行いました。これについて，あとの問いに答えなさい。〔1つ5点×3〕

〔実験〕次の日に花がさきそうなアサガオのつぼみを2つ選んでおしべをとって，図のように，ふくろをかぶせました。次の日，Aは花がさいたらふくろを外してめしべの先にアサガオの花粉をつけて，再びふくろをかぶせました。Bは花がさいてもふくろをかぶせたままにしておきました。花がしぼんだあと，A，Bのふくろを外したところ，一方には実ができましたが，もう一方には実ができませんでした。

(1)〔実験〕で，ふくろをかぶせる前につぼみのおしべをとったのはなぜですか。次のア～エから1つ選びなさい。
ア　つぼみの中でめしべの先に花粉がつかないようにするため。
イ　おしべがあると実ができないため。
ウ　花が早くさくようにするため。
エ　花がさくのをおくらせるため。

(2)〔実験〕で，実ができたのは，A，Bのどちらですか。

(3)〔実験〕で，実ができたアサガオの実の中には黒いつぶのようなものが入っていました。この黒いつぶのようなものを何といいますか。

120

2 図は，ヒトのからだのつくりを前から見たようすです。これについて，次の問いに答えなさい。〔1つ5点×3〕

(1)食べ物は，口からこう門まで1本の管を通ります。口からこう門までの食べ物の通り道を何といいますか。

(2)図のA～Eのうち，食べ物が直接通らない部分はどこですか。1つ選びなさい。

(3)図のAの臓器のはたらきとして適当なものを，次のア～エから1つ選びなさい。
ア　養分を吸収する。
イ　吸収された養分を一時的にたくわえる。
ウ　血液を全身に送り出す。
エ　不要になったものを血液中からとり除く。

3 図は，ヒトの血液がからだの中を流れるようすを模式的に表したもので，A～Dは血管を表し，→は血液の流れる向きを表しています。また，Xは呼吸を行う臓器を表しています。これについて，次の問いに答えなさい。〔1つ5点×2〕

(1)図のXを何といいますか。

(2)図のA～Dのうち，二酸化炭素を多くふくむ血液が流れているのはどれですか。2つ選びなさい。

4 図のように，ホウセンカにポリエチレンのふくろをかぶせて日なたにしばらく置くと，ふくろの内側に水てきがつきました。これについて，次の問いに答えなさい。〔1つ5点×2〕

(1)ふくろの内側に水てきがついたことから，ホウセンカのからだから何が出ていったことがわかりますか。次のア～ウから1つ選びなさい。
ア　酸素　　イ　二酸化炭素　　ウ　水蒸気

(2)植物のからだから(1)が出ていくことを何といいますか。

121

＼とりはずせる／

別冊 解答解説

❶章 生命

1 器具の使い方(1)

要点まとめ ▶本冊 P.8

①観察するもの　②接眼レンズ
③調節ねじ　④視度調節リング
⑤反射鏡　⑥対物レンズ
⑦近づける　⑧遠ざけて
⑨スライドガラス　⑩接眼レンズ
⑪逆

問題を解いてみよう！ ▶本冊 P.10

1 (1)ウ　(2)そう眼実体（けんび鏡）
(3) A…対物レンズ
B…視度調節リング
C…調節ねじ
(4)ウ

解説
(1)観察するものが動かせないときは，虫めがねを目に近づけて持ち，顔を動かしてはっきり見えるところで止めます。
(2)そう眼実体けんび鏡は，厚みのあるものも立体的に観察することができます。
(3)そう眼実体けんび鏡には接眼レンズが2つあり，目のはばに合わせて使います。ピントを合わせるときは，右目でのぞきながらCの調節ねじを回してはっきり見えるようにし，次に左目でのぞきながらBの視度調節リングを回してピントを合わせます。
(4)B，Cともにピントを合わせるときに使います。
大切 目をいためるので，日光が直接当たるところでは使わないようにします。

2 (1) a…レボルバー　b…反射鏡
(2)ア　(3)イ(→)エ(→)ウ(→)ア
(4)ウ　(5)エ

解説
(1) aはレボルバーで，レボルバーを回して対物レンズの倍率をかえます。bは反射鏡で，光の量を調整します。
(2)最初はいちばん低い倍率で観察し，さらにくわしく観察するときは，対物レンズを倍率の高いものにかえます。
(3)接眼レンズをのぞきながら，反射鏡で明るく見えるようにしてからステージの上にプレパラートをのせます。ピントを合わせるときは，まず，横から見ながら調節ねじを回してプレパラートと対物レンズをできるだけ近づけます。その後，接眼レンズをのぞきながらプレパラートと対物レンズを遠ざけてピントを合わせます。
大切 ピントを合わせるときは，はじめにプレパラートと対物レンズをできるだけ近づけます。
(4)けんび鏡では上下左右が逆に見えるので，観察するものを，動かしたい方向とは逆向きにスライドガラスを動かします。
(5)けんび鏡の倍率は，「接眼レンズの倍率×対物レンズの倍率」で求めることができます。よって，10×40＝400より，400倍となります。

2 こん虫の成長とからだのつくり

要点まとめ ▶本冊 P.12

①幼虫　②さなぎ　③完全変態
④幼虫　⑤不完全変態
⑥胸　⑦腹

2

「要点まとめ」の穴うめ問題の答えと，「問題を解いてみよう！」「完成テスト」の答えと解説は別冊にのっています。答え合わせまでしっかりやりましょう。

のびしろチャート

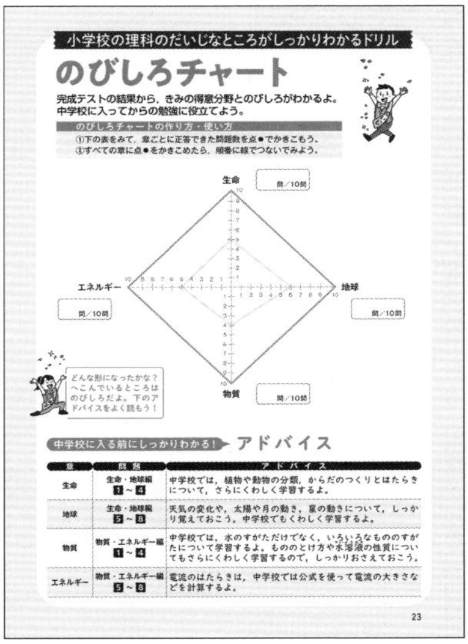

小学校の理科のだいじなところがしっかりわかるドリル

のびしろチャート

完成テストの結果から，きみの得意分野とのびしろがわかるよ。
中学校に入ってからの勉強に役立てよう。

のびしろチャートの作り方・使い方
①下の表をみて，章ごとに正答できた問題数を点●でかきこもう。
②すべての章に点●をかきこめたら，順番に線でつないでみよう。

中学校に入る前にしっかりわかる！ アドバイス

章	問題	アドバイス
生命	生命・地球編 1～4	中学校では，植物や動物の分類，からだのつくりとはたらきについて，さらにくわしく学習するよ。
地球	生命・地球編 5～8	天気の変化や，太陽や月の動き，星の動きについて，しっかり覚えておこう。中学校でもくわしく学習するよ。
物質	物質・エネルギー編 1～4	中学校では，水のすがただけでなく，いろいろなもののすがたについて学習するよ。もののとけ方や水溶液の性質についてもさらにくわしく学習するので，しっかりおさえておこう。
エネルギー	物質・エネルギー編 5～8	電流のはたらきは，中学校では公式を使って電流の大きさなどを計算するよ。

23

完成テストに取り組み，答え合わせができたら，別冊 p.23 の，「のびしろチャート」を完成させましょう。

学習の見取り図

小学校で学習した内容が，どんな風に中学校での学習につながっていくのかを一覧にまとめました。

小学校の学習内容

1章 生命

2章 地球

3章 物質

4章 エネルギー

※赤字の部分は『重要!』のページです。

中学校からの学習内容

単元	内容	補足
いろいろな生物とその共通点	●植物の分類 ●動物の分類	中学校では種子をつくらない植物のなかまについても学習するよ。
生物のからだのつくりとはたらき	●植物のからだのつくりとはたらき ●動物のからだのつくりとはたらき	中学校では植物や動物のからだのつくりやはたらきについて，さらにくわしく学習するよ。
生命の連続性	●生物のふえ方	
自然と人間	●自然界のつり合い	
大地の変化	●火山と火成岩 ●地震（じしん） ●地層	中学校では火山や地震についてもくわしく学習するよ。
天気の変化	●気象の観測 ●雲のでき方と前線 ●日本の天気の特徴（とくちょう）	中学校では季節による日本の天気の特徴を学習するよ。
地球と宇宙	●太陽の動き ●星の動き ●月の見え方	
身のまわりの物質	●気体の性質 ●水溶液とその性質 ●物質の状態変化	もののすがたが変化することを状態変化というよ。
化学変化とイオン	●酸・アルカリとイオン	電気を帯びたつぶのことをイオンというよ。
身のまわりの現象	●光の性質 ●音の性質 ●力のはたらき	中学校ではいろいろな種類の力について学習するよ。
電流とその利用	●電流の性質 ●電流と磁界	磁石の力がはたらく空間を磁界というよ。
運動とエネルギー	●物体の運動 ●仕事とエネルギー ●エネルギー資源	

学習日　　月　　日

1 器具の使い方（1）

重要！
➡P.10～11の問題も解いてみよう！

要点まとめ

解答▶別冊P.2

虫めがねの使い方

★観察するものが動かせるとき

当てはまるものを○で囲もう

(1) 虫めがねを目に近づけて持ち，［①　観察するもの　・　顔　］を動かして，はっきり大きく見えるところで止める。

★観察するものが動かせないとき

(2) 虫めがねを目に近づけて持ち，顔を動かして，はっきり大きく見えるところで止める。

けんび鏡の使い方

★そう眼実体けんび鏡の使い方

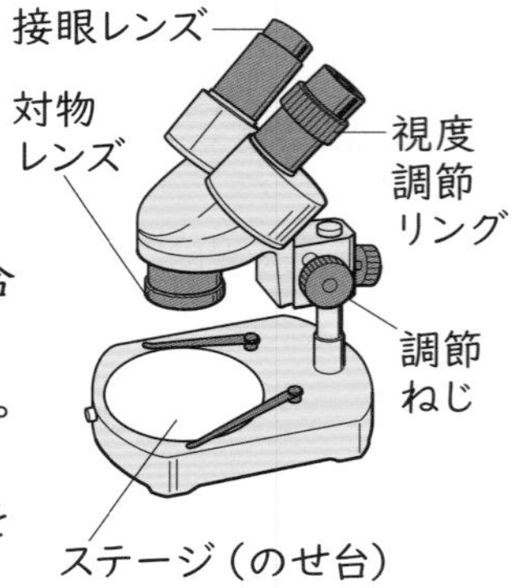

(3) **手順1** 観察するものをステージの上に置き，［②　　　　］のはばを目のはばに合わせて両目で見えるものが1つに見えるようにする。

手順2 右目でのぞきながら［③　　　　］を回して，はっきり見えるようにする。

手順3 左目で見ながら［④　　　　］を回して，はっきり見えるようにする。

★解ぼうけんび鏡の使い方

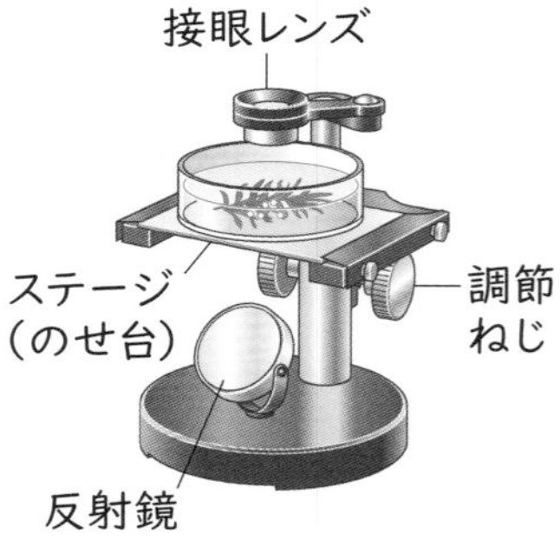

(4) **手順1** ［⑤　　　　］の向きを調節して，接眼レンズをのぞいたときに明るく見えるようにする。

手順2 ステージの上に観察するものを置き，調節ねじで接眼レンズを上下させてよく見えるようにする。

けんび鏡の使い方

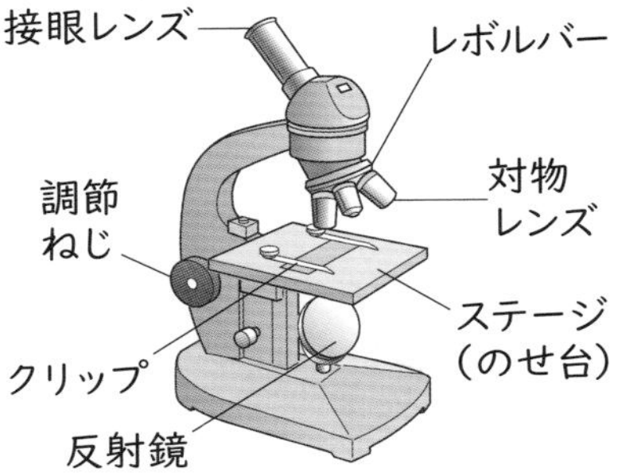

(5) 手順１ ⑥［　　　　　］をいちばん低い倍率にして，**接眼レンズ**をのぞきながら**反射鏡**を動かして明るく見えるようにする。

手順２ **プレパラート**を**ステージ**にのせて，クリップでとめる。

手順３ 横から見ながら調節ねじを回して，対物レンズとプレパラートをできるだけ ⑦［ 近づける ・ 遠ざける ］。

当てはまるものを〇で囲もう

手順４ 接眼レンズをのぞきながら調節ねじを逆向きに回して，対物レンズとプレパラートを ⑧［ 近づけて ・ 遠ざけて ］いき，ピントを合わせる。

プレパラートのつくり方

(6) ⑨［　　　　　］に観察するものをのせ，必要なときは水を１，２てきたらした後，カバーガラスをかける。

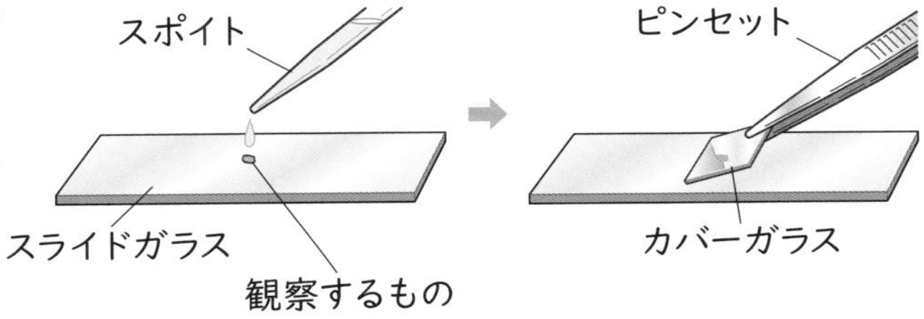

けんび鏡の倍率

(7) けんび鏡の倍率＝⑩［　　　　　］の倍率×対物レンズの倍率

けんび鏡でのものの見え方とものの動かし方

(8) けんび鏡では，上下左右が逆に見える。観察するものの位置を動かしたいときは，プレパラートを動かしたい方向と ⑪［ 同じ ・ 逆 ］向きに動かす。

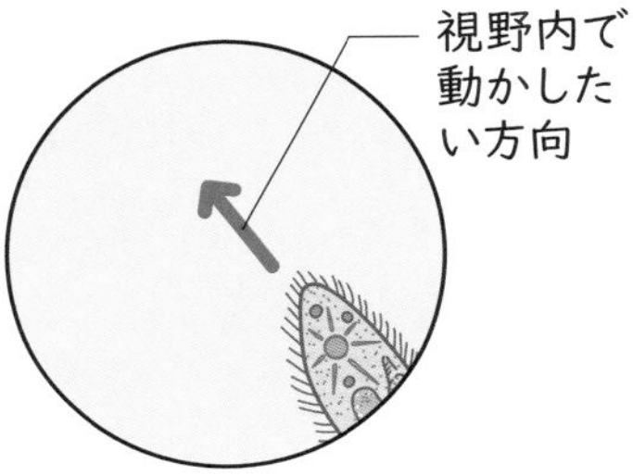

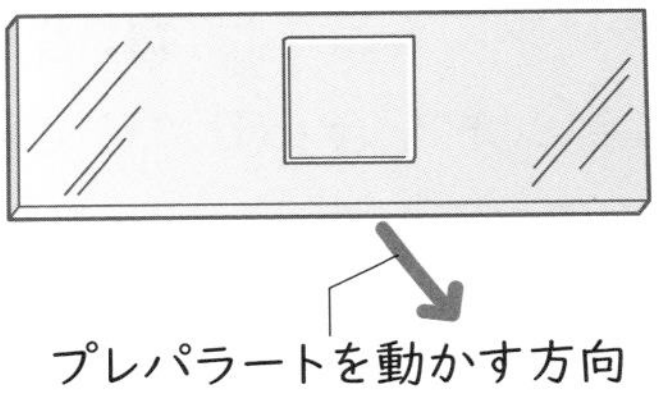

問題を解いてみよう!

解答・解説▶別冊 P.2

1 **図1**のような虫めがねと，**図2**のようなけんび鏡を使って，生き物を観察しました。これについて，次の問いに答えなさい。

図1

図2

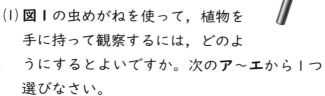

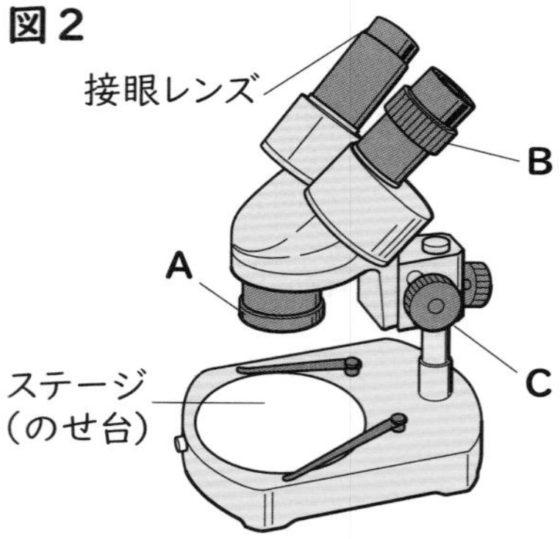

(1) **図1**の虫めがねを使って，植物を手に持って観察するには，どのようにするとよいですか。次の**ア**～**エ**から1つ選びなさい。

ア　虫めがねを植物に近づけて持ち，顔を前後に動かす。

イ　虫めがねを植物に近づけて持ち，虫めがねと植物をいっしょに前後に動かす。

ウ　虫めがねを目に近づけて持ち，植物だけを前後に動かす。

エ　虫めがねを目に近づけて持ち，顔と虫めがねをいっしょに前後に動かす。

[　　]

(2) **図2**のけんび鏡を何けんび鏡といいますか。　[　　　けんび鏡]

(3) **図2**の**A**～**C**の部分の名前を答えなさい。

A[　　]　**B**[　　]

C[　　]

(4) **図2**のけんび鏡の使い方としてまちがっているものはどれですか。次の**ア**～**エ**から1つ選びなさい。

ア　日光が直接当たらない明るいところに置く。

イ　接眼レンズを目のはばに合わせ，見えるものが1つに見えるようにする。

ウ　**B**でピントを合わせ，**C**で明るさを調節する。

エ　プレパラートをつくらずに観察することができる。

[　　]

2 図１のけんび鏡を使って，生き物の観察を行いました。これについて，次の問いに答えなさい。

図１

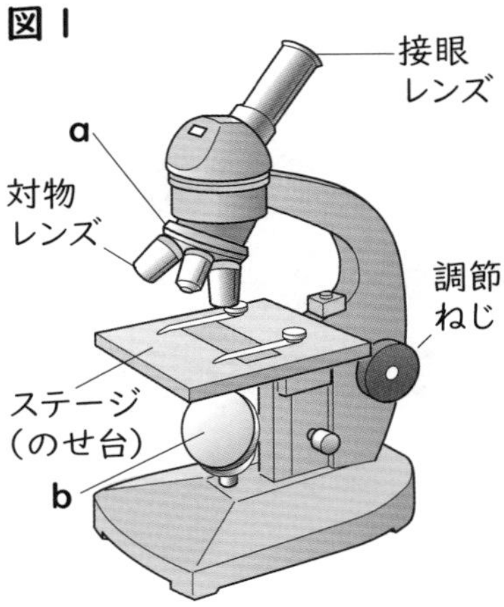

(1) **図１**の**a**，**b**の部分の名前を答えなさい。

a［　　　　　　　　　　］

b［　　　　　　　　　　］

(2) **図１**の対物レンズは，はじめにどの倍率のものを使いますか。次の**ア**～**ウ**から１つ選びなさい。

ア　いちばん低い倍率

イ　真ん中の倍率

ウ　いちばん高い倍率

［　　　］

(3) 観察するとき，けんび鏡はどのような順で操作しますか。次の**ア**～**エ**を操作の順に並べなさい。

ア　接眼レンズをのぞきながら調節ねじを回して，対物レンズとプレパラートを遠ざける。

イ　接眼レンズをのぞきながら，**b**を動かして明るく見えるようにする。

ウ　横から見ながら調節ねじを回して，対物レンズとプレパラートを近づける。

エ　ステージの上にプレパラートをのせる。

［　　→　　→　　→　　］

(4) **図１**のけんび鏡は，上下左右が逆になって見えます。**図２**のように，観察するものが視野の左下に見えたとき，観察するものが中央に見えるようにするには，スライドガラスをどの向きに動かせばよいですか。**図２**の**ア**～**エ**から１つ選びなさい。

［　　　］

図２

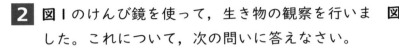

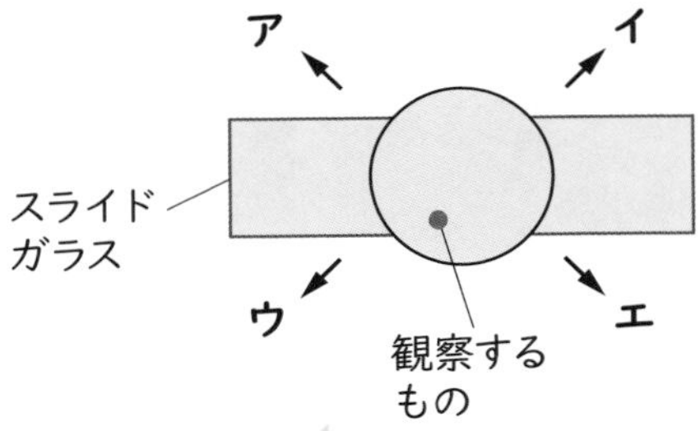

観察するものがどちらに動けばよいかな？

(5) ある生き物を観察したとき，接眼レンズの倍率は10倍，対物レンズの倍率は40倍でした。このとき，けんび鏡の倍率は何倍ですか。次の**ア**～**エ**から１つ選びなさい。

ア　10倍　　**イ**　40倍　　**ウ**　50倍　　**エ**　400倍

［　　　］

1章 生命

学習日　　月　　日

2 こん虫の成長とからだのつくり

要点まとめ

解答▶別冊P.2

こん虫の育ち方

チョウやカブトムシの育ち方

(1) チョウやカブトムシは，卵→ ① ____ → ② ____ →成虫の順に育つ。

このようなこん虫の育ち方を ③ ____ という。

モンシロチョウ

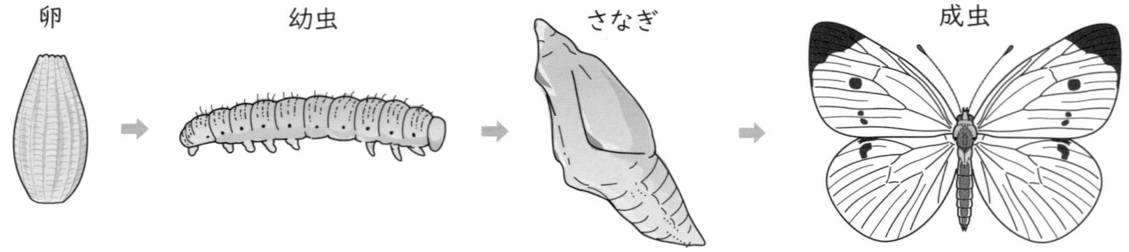

カブトムシ

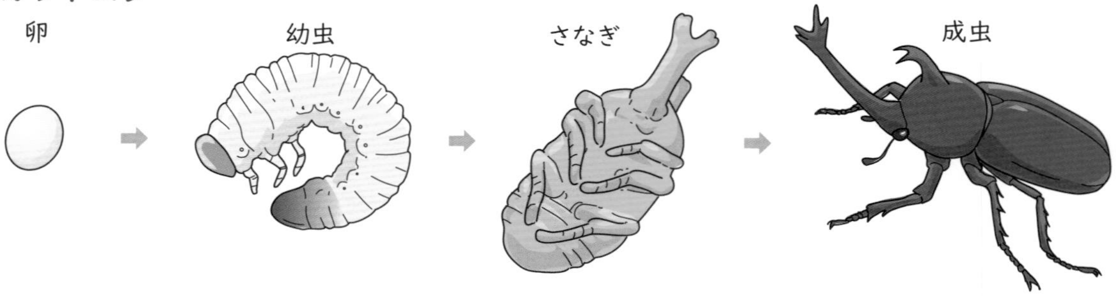

バッタやトンボの育ち方

(2) バッタやトンボは，卵→ ④ ____ → 成虫の順に育つ。このようなこん虫の育ち方を ⑤ ____ という。

トノサマバッタ

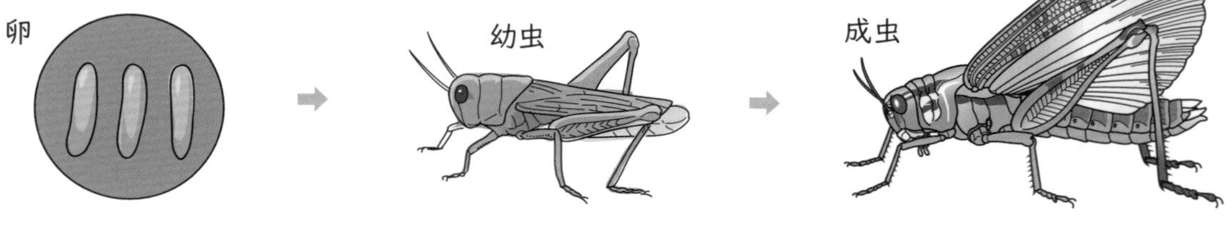

オニヤンマ

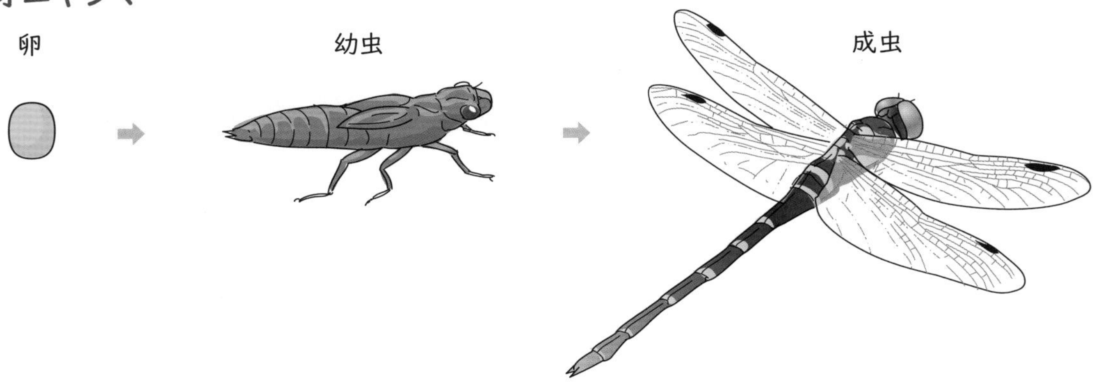

★ こん虫のからだのつくり

⑶ こん虫の成虫のからだは，頭，⑥［　　　　］，⑦［　　　　］の３つの部分に分かれていて，⑥に６本（３対）のあしがある。

モンシロチョウ

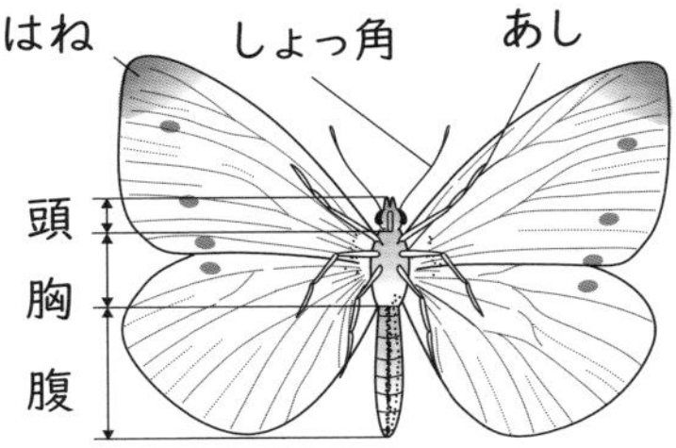

トノサマバッタ

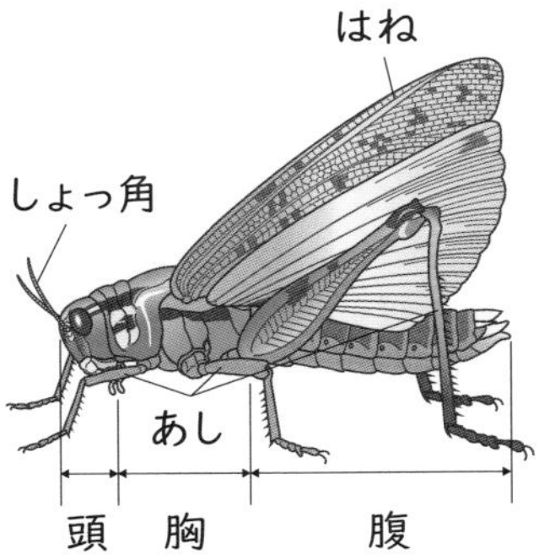

オニヤンマ

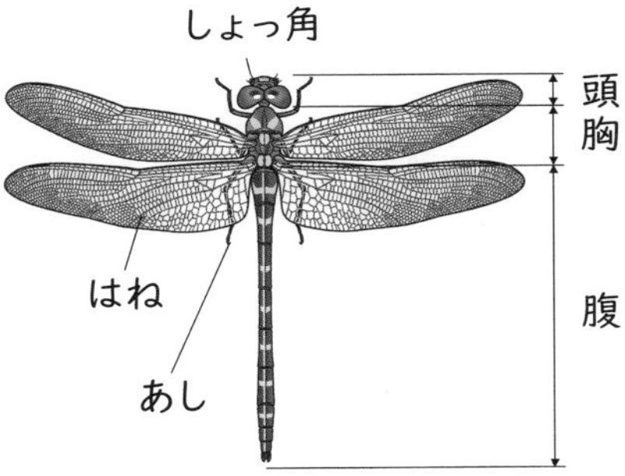

中学では どうなる？

- 動物は，背骨をもつセキツイ動物と，背骨をもたない無セキツイ動物のなかまに分けられるよ。
- こん虫は，無セキツイ動物のなかまだよ。
- こん虫は，からだが外骨格（がいこっかく）というかたいからでおおわれていて，からだやあしに節がある。このような無セキツイ動物のなかまを節足動物（せっそくどうぶつ）というよ。
- 節足動物は，こん虫類，こうかく類などのなかまに分けられるよ。

学習日 月 日

3 季節と生き物(1)

要点まとめ

解答▶別冊P.3

春の生き物のようす

春の植物のようす

サクラ

(1) ① [　　　] をさかせ，枝には葉の芽をつけている。

多くのサクラは花が散ると緑色の葉が出てくる。

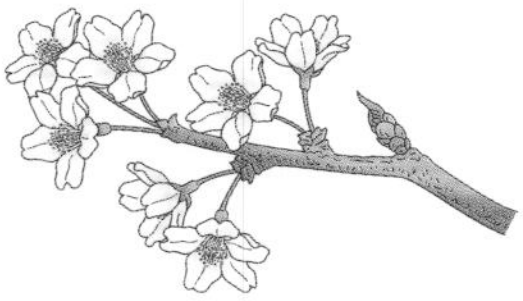

ヘチマの育て方

(2) ビニルポットに種子をまいて，水をやり，2枚の ② [　　　] が出たら，日光をよく当てて育てる。

種子をまいて最初に出てくる葉

→子葉以外の葉が3～4枚になったら，花だんなどに，根についた ③ [土ごと・土を落として] 植えかえる。

当てはまるものを○で囲もう

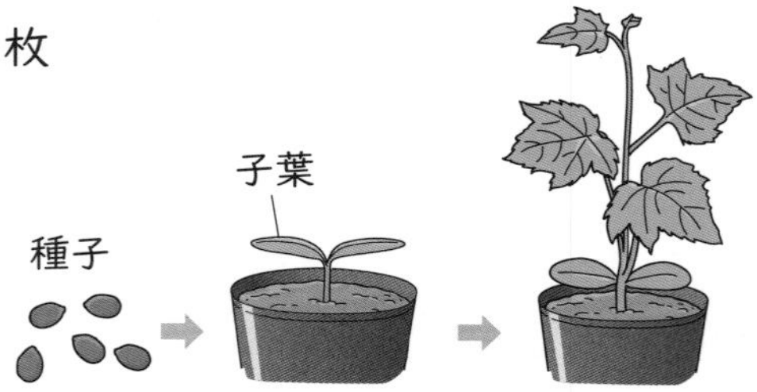

春の動物のようす

オオカマキリ

(3) 卵から ④ [　　　] がかえる。

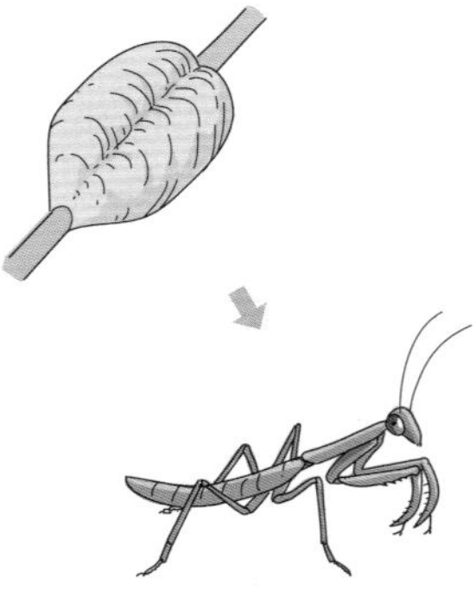

ナナホシテントウ

(4) 花だんなどに成虫が見られる。また，葉の裏に ⑤ [　　　] が見られる。

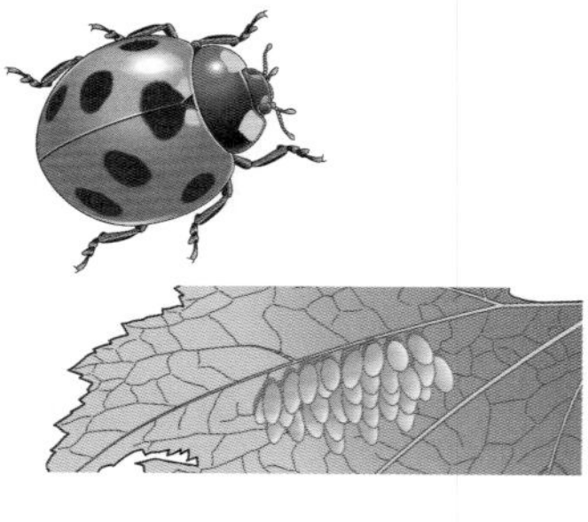

ツバメ

当てはまるものを○で囲もう

(5) ⑥ 北・南 のほうから日本にやってきて，巣をつくる。

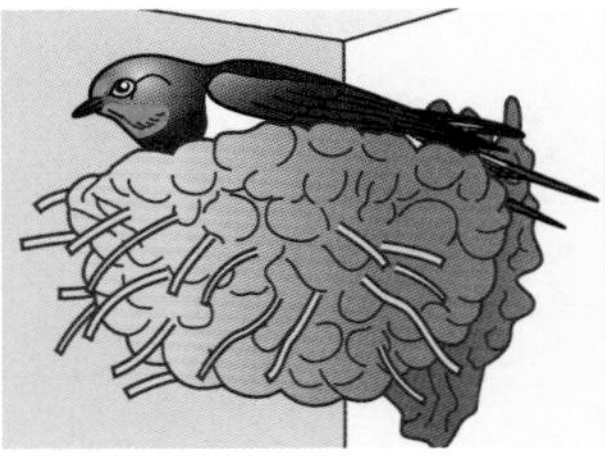

カエル

カエルの子

(6) 卵から ⑦ がかえる。

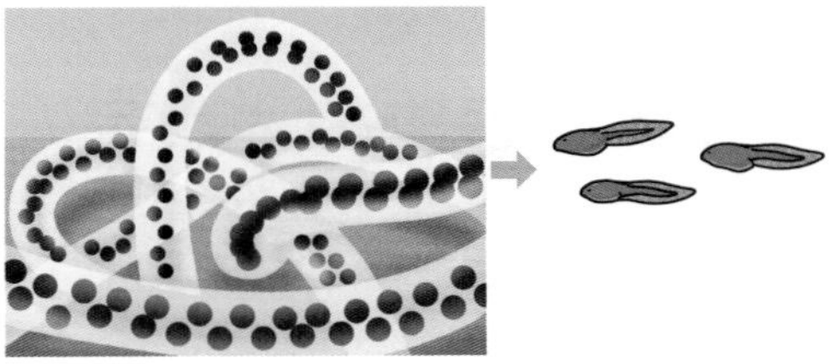

夏の生き物のようす

夏の植物のようす

サクラ

(7) 枝がのびて葉の数が ⑧ ふえる・へる 。

ヘチマ

(8) くきがのびて葉の数がふえ， ⑨ がさく。

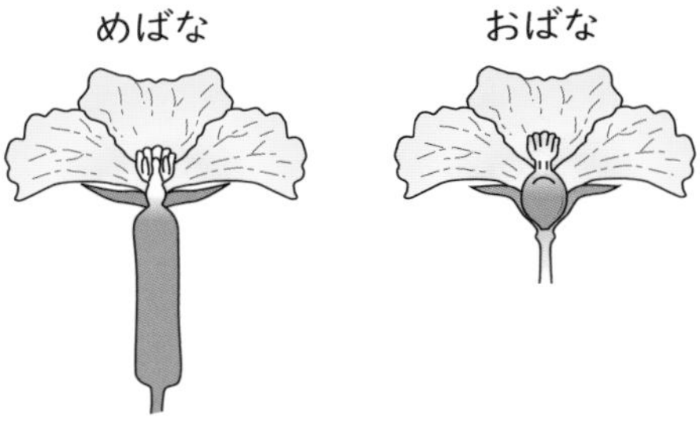

夏の動物のようす

オオカマキリ

(9) ⑩ が皮をぬいで大きくなる。

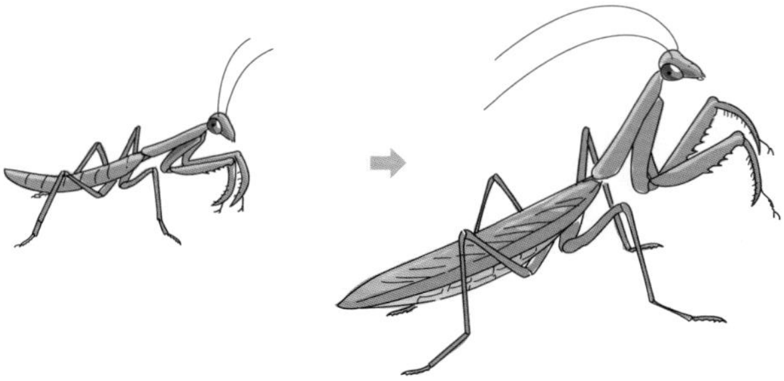

カエル

(10) おたまじゃくしにあしがはえて成長し，水辺からはなれていく。

学習日 月 日

4 季節と生き物(2)

要点まとめ

解答▶別冊 P.3

秋の生き物のようす

秋の植物のようす

サクラ

(1) 葉の色が黄色や赤色に変わり，枝から落ち始める。

ヘチマ

(2) 葉がかれ，くきののびが止まる。

また，① [　　　　] が大きくなる。

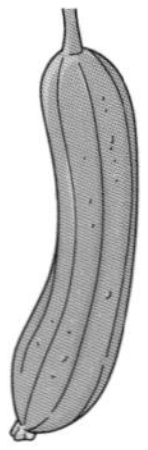

秋の動物のようす

オオカマキリ

(3) 成虫が ② [　　　　] をうむ。

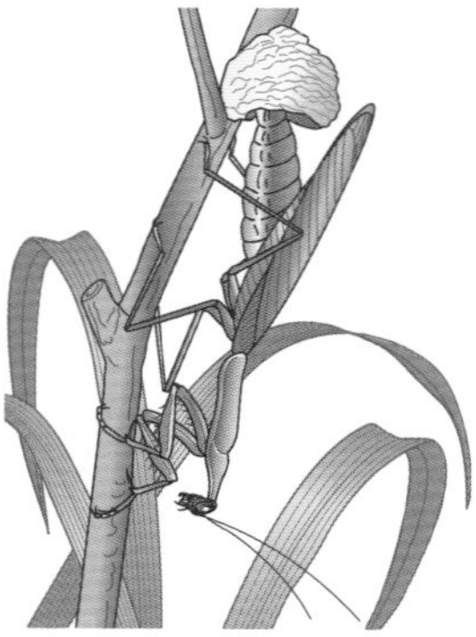

カエル

(4) 動きがにぶくなり，石のかげや葉の下でじっとしている。

ツバメ

当てはまるものを○で囲もう

(5) あたたかい ③ [北・南] のほうへ飛び立っていく。

冬の生き物のようす

冬の植物のようす

サクラ

(6) 葉はすべてかれ落ちるが，枝に ④［　　　］ をつける。

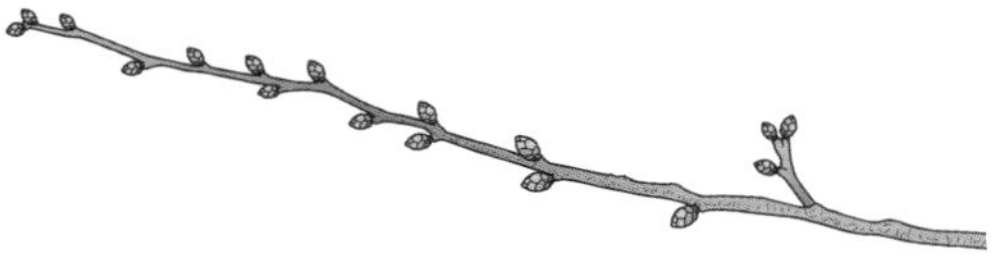

ヘチマ

(7) 葉もくきもかれ，実が茶色になり，中から ⑤［　　　］ が出てくる。

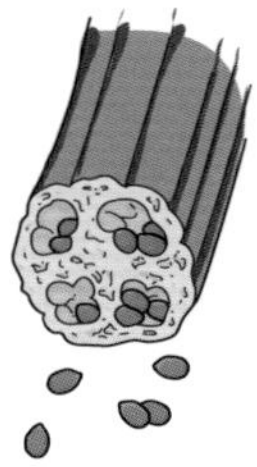

冬の動物のようす

オオカマキリ

(8) ⑥［　　　］ のすがたで冬をこす。

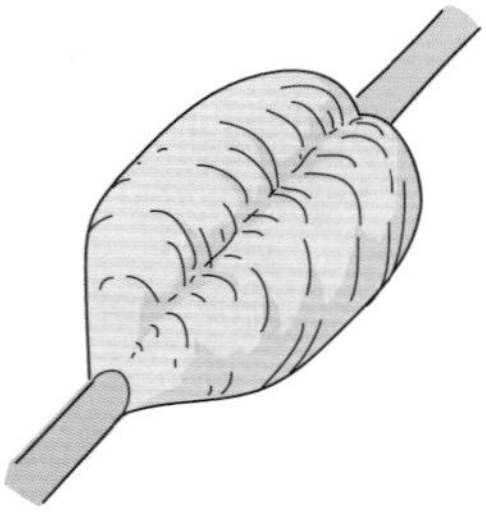

ナナホシテントウ

(9) ⑦［　　　］ のすがたで冬をこす。

カブトムシ

(10) ⑧［　　　］ のすがたで冬をこす。

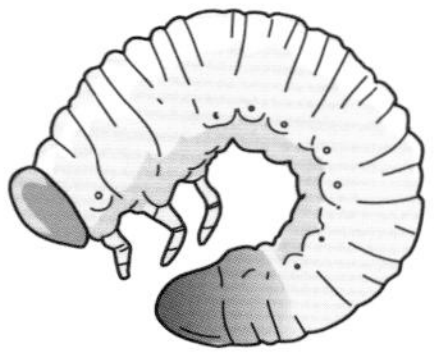

カエル

当てはまるものを○で囲もう

(11) ⑨［ 土・水 ］ の中で冬をこす。

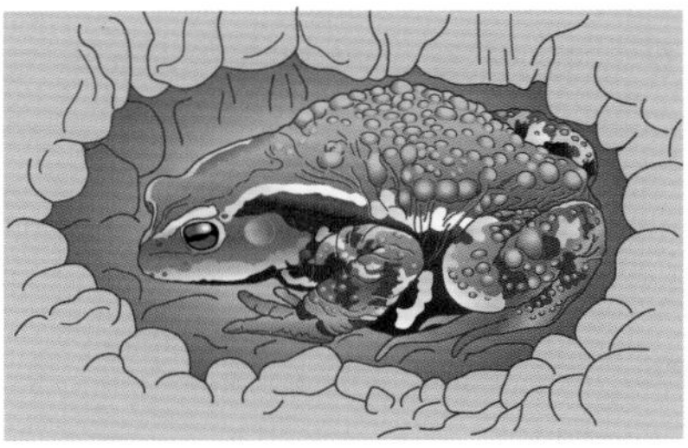

学習日　　月　　日

5 植物の発芽と成長

要点まとめ

解答▶別冊 P.3

種子が発芽する条件

種子が発芽する条件を調べる実験

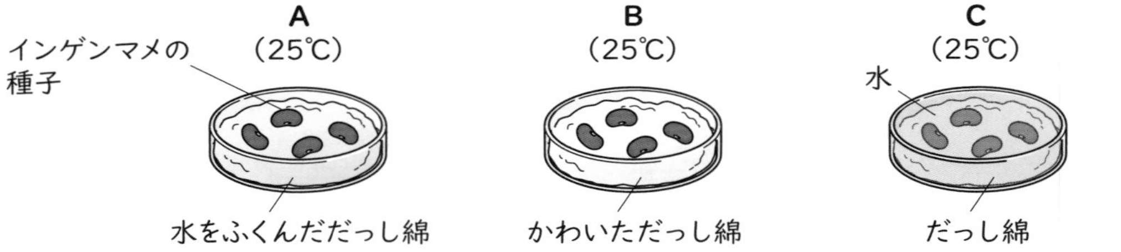

→発芽した。　→発芽しなかった。　→発芽しなかった。

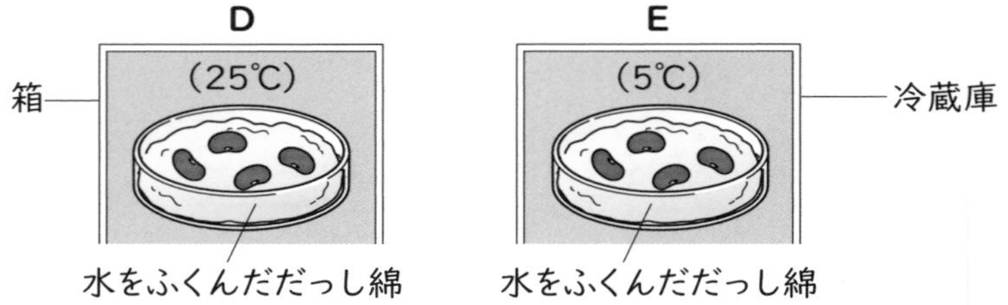

→発芽した。　→発芽しなかった。

ポイント 調べたいこと以外の条件が同じものどうしを比べる。

当てはまるものを○で囲もう

(1) **A** と **B** を比べる。→種子の発芽には水が必要で ① ある・ない ことがわかる。

A と **C** を比べる。→種子の発芽には空気が必要で ② ある・ない ことがわかる。

A と **D** を比べる。→種子の発芽には日光が必要で ③ ある・ない ことがわかる。

D と **E** を比べる。→種子の発芽には適当な温度が必要で ④ ある・ない ことがわかる。

(2) 種子が発芽するためには，⑤ ，⑥ ，⑦ が必要である。

種子の発芽と養分

種子のつくり

インゲンマメの種子の断面

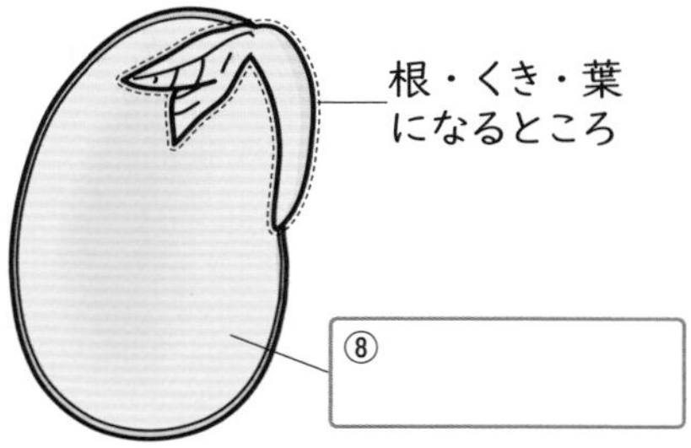

ヨウ素液をたらすと青むらさき色になる。

(3) 子葉には ⑨ がふくまれている。

種子の発芽と養分

(4) 子葉にふくまれているでんぷんは，発芽するための養分として使われる。

植物が成長する条件

植物が成長する条件を調べる実験

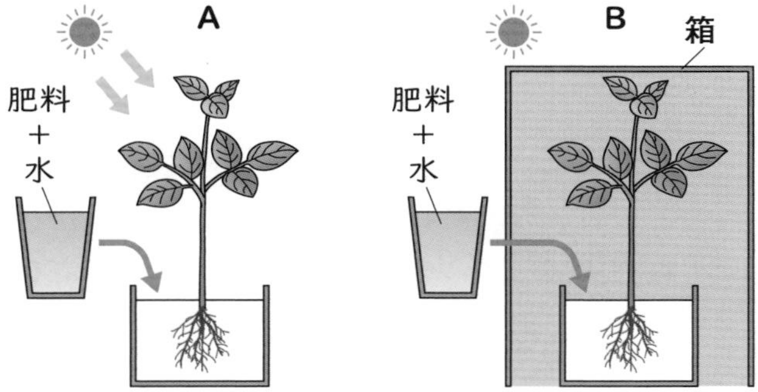

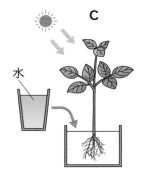

→よく成長した。　→Aに比べて，あまり成長しなかった。　→Aに比べて，あまり成長しなかった。

(5) AとBを比べる。→植物の成長には日光が必要で ⑩ ある・ない ことがわかる。

当てはまるものを○で囲もう

AとCを比べる。→植物の成長には肥料が必要で ⑪ ある・ない ことがわかる。

(6) 植物がよく成長するためには，水，空気，適当な温度，⑫ ，⑬ が必要である。

発芽の条件も必要だよ！

学習日 月 日

6 花から実へ

重要! ➡P.22〜23の問題も解いてみよう!

要点まとめ

解答▶別冊 P.3

花のつくり

アサガオの花のつくり

(1) 花には，めしべ，おしべ，花びら，①［　　　］があり，アサガオの花は，1つの花にめしべとおしべがある。

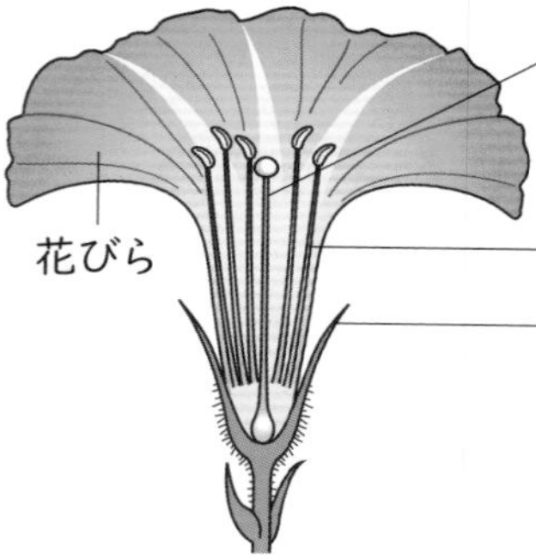

ヘチマの花のつくり

(2) ヘチマの花にはめばなとおばながあり，めばなに②［　　　］が，おばなに③［　　　］がある。

めばな

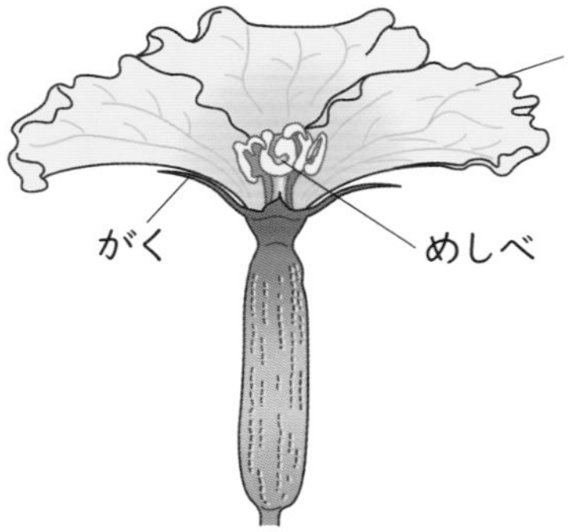

おばな

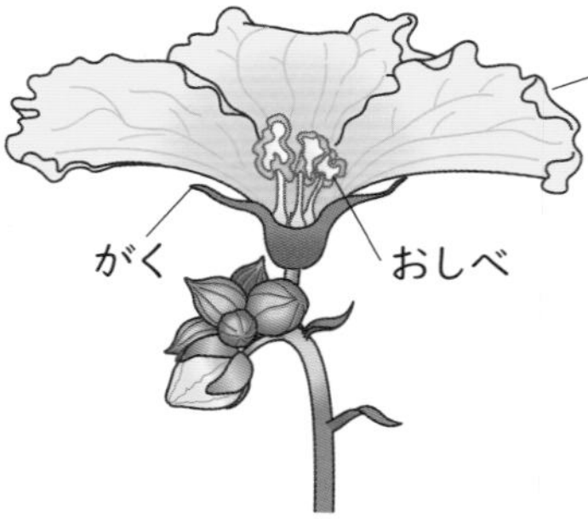

受粉

(3) おしべの先についている粉のようなものを④［　　　］といい，④がめしべの先につくことを⑤［　　　］という。

(4) 花粉は，ハチなどの⑥［　　　］や風などによって，おしべからめしべに運ばれる。

からだが頭・胸・腹の３つの部分からなる

花粉のはたらき

花粉のはたらきを調べる実験

ふくろをかぶせるのは知らないうちに受粉しないようにするため。

アサガオ

A

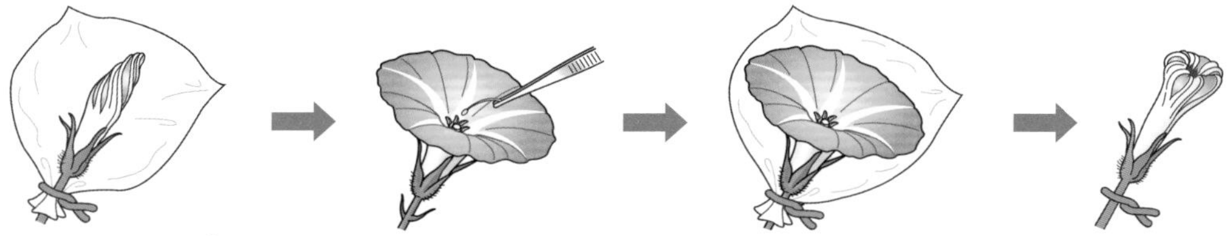

おしべをとったつぼみにふくろをかぶせる。 → めしべの先に花粉をつける。（受粉させる。） → すぐにふくろをかぶせる。 → 花がしぼんだらふくろを外す。

B

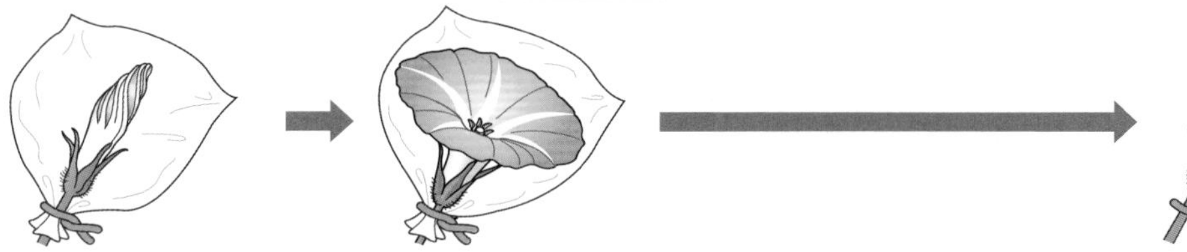

おしべをとったつぼみにふくろをかぶせる。 → ふくろをかぶせたままにしておく。（受粉させない。） → 花がしぼんだらふくろを外す。

ヘチマ

C

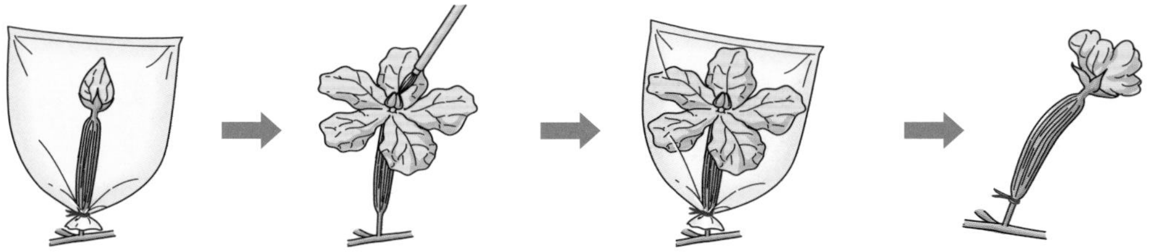

めばなのつぼみにふくろをかぶせる。 → めしべの先に花粉をつける。（受粉させる。） → すぐにふくろをかぶせる。 → 花がしぼんだらふくろを外す。

D

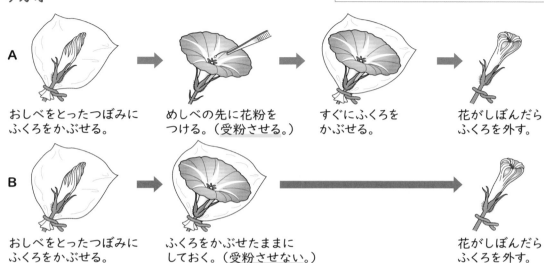

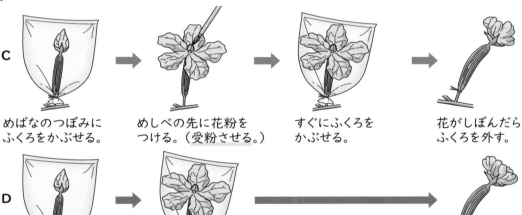

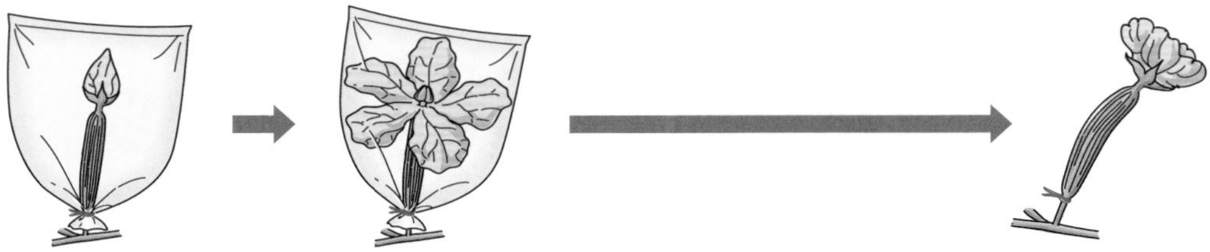

めばなのつぼみにふくろをかぶせる。 → ふくろをかぶせたままにしておく。（受粉させない。） → 花がしぼんだらふくろを外す。

当てはまるものを○で囲もう

(5) A～Dのうち，実ができるのは，アサガオでは［⑦ A・B］，ヘチマでは［⑧ C・D］である。実ができるには受粉することが必要である。

(6) 受粉すると，［⑨　　　］のもとの部分が実になり，中に［⑩　　　］ができる。

学習日　　月　　日

問題を解いてみよう！

解答・解説▶別冊 P.3

1 **図１**は，アサガオの花のつくりを，**図２**はヘチマの２種類の花のつくりを表したものです。これについて，あとの問いに答えなさい。

図１

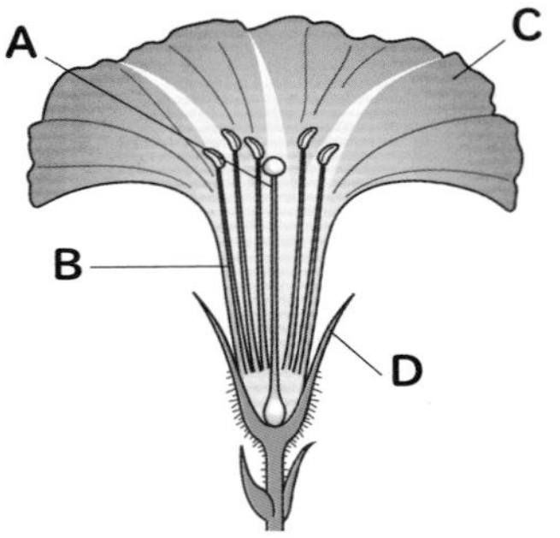

図２

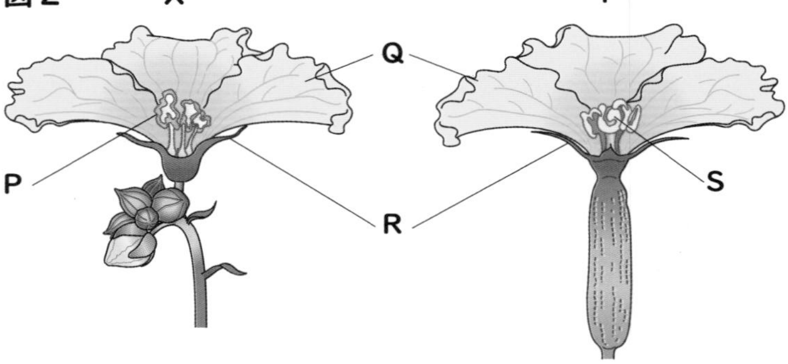

(1) **図１**の**A**，**D**の部分をそれぞれ何といいますか。

A［　　　　］ **D**［　　　　］

(2) **図１**の**B**の部分の先には粉のようなものがたくさんついていました。この粉のようなものを何といいますか。［　　　　］

(3) **図１**の**B**の部分の先の粉のようなものが，**A**の部分の先につくことを何といいますか。［　　　　］

(4) **図１**のアサガオの花に，しばらくすると実ができました。実ができる部分はどこですか。**図１**の**A**～**D**から１つ選びなさい。［　　］

(5) (4)の実の中には黒いつぶが入っていました。アサガオの黒いつぶのように，実の中にできるものを何といいますか。［　　　　］

(6) **図２**の**X**，**Y**のうち，ヘチマのめばなはどちらですか。［　　］

(7) ヘチマの花で，**図１**の**B**の部分と同じはたらきをする部分はどこですか。**図２**の**P**～**S**から１つ選びなさい。［　　］

2 実のでき方について調べるために，ヘチマの花を使って，次のような実験を行いました。これについて，あとの問いに答えなさい。

〔実験〕 次の日に花がさきそうなヘチマの花のつぼみを２つ選んで，図のように，それぞれふくろをかぶせました。次の日，**A**は花がさいてもふくろをかぶせたままにしておき，**B**は花がさいたらふくろを外してある部分にヘチマの花粉をつけ，すぐに再びふくろをかぶせました。花がしぼんだあと，**A**，**B**のふくろを外したところ，一方には実ができましたが，もう一方には実ができませんでした。

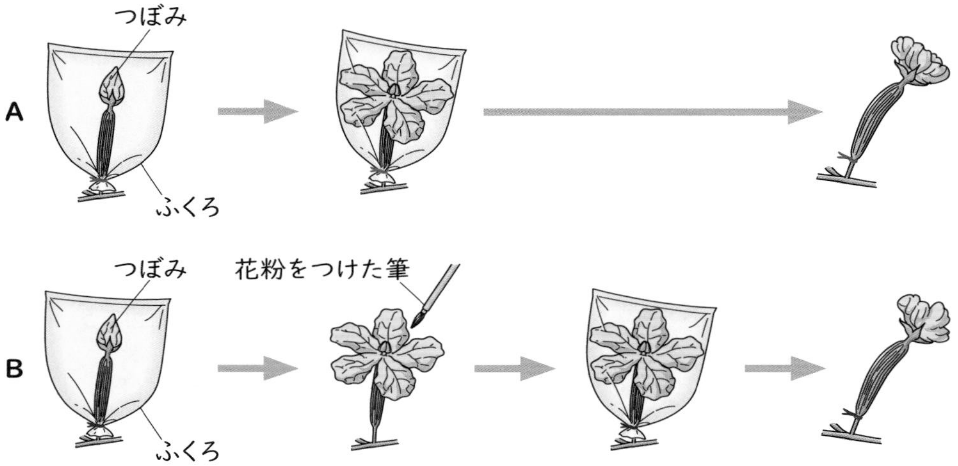

(1)〔実験〕に使ったヘチマの花のつぼみは，めばな，おばなのどちらの花のつぼみですか。

[　　　　]

(2)〔実験〕で，花がさく前のつぼみにふくろをかぶせたのはなぜですか。次の**ア**～**エ**から１つ選びなさい。

ア　花がすぐにさくようにするため。
イ　花がさくのをおくらせるため。
ウ　花粉がつかないようにするため。
エ　花のまわりの気温を一定に保つため。

[　　]

(3)〔実験〕の**B**で，花粉をつけた下線部のある部分とはどこですか。次の**ア**～**エ**から１つ選びなさい。

ア　がく　　　**イ**　花びら
ウ　めしべ　　**エ**　おしべ

[　　]

(4)〔実験〕で，実ができたのは，**A**，**B**のどちらですか。

[　　]

学習日　　月　　日

7 メダカの誕生

要点まとめ

解答▶別冊P.3

メダカの飼い方

めすとおすの区別のしかた

めす

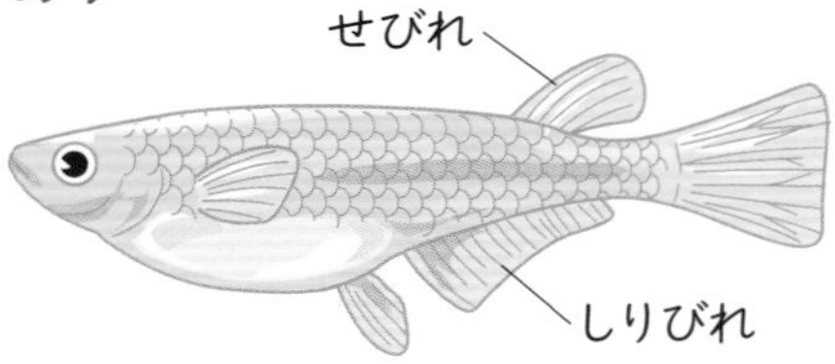

おす

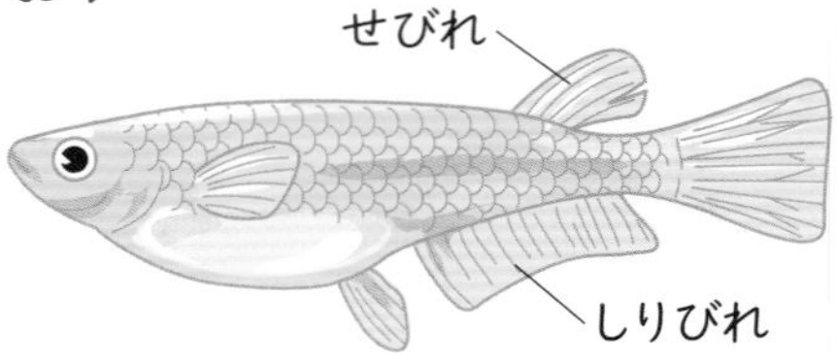

(1) めすのせびれには切れこみが ① ある・ない 。おすのせびれには切れこみが ② ある・ない 。

当てはまるものを○で囲もう

(2) めすはしりびれのうしろが ③ 長い・短い 。おすはしりびれのうしろが ④ 長い・短い 。

メダカの飼い方

(3) 水そうは，日光が直接 ⑤ 当たる・当たらない 明るい場所に置く。

(4) よく洗った小石や砂をしき，卵(らん)をうみつけるための ⑥ 　　 を入れる。

(5) めすとおすを同じ数くらいずつ入れる。

(6) くみ置きの水を入れ，水がよごれたら ⑦ 全部・半分くらい を入れかえる。

(7) えさは，食べ残しが出ないくらいあたえる。

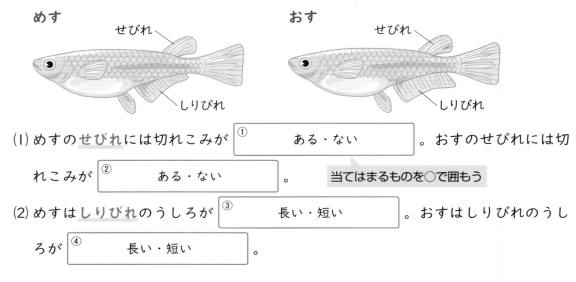

メダカの産卵

メダカの産卵（さんらん）

⑻ めすとおすが，並んで泳ぐようになる。やがてからだをすり合わせ，めすは［⑧　　　　］をうみ，おすが［⑨　　　　］をかける。めすは，やがて卵を水草につける。

メダカの卵の変化

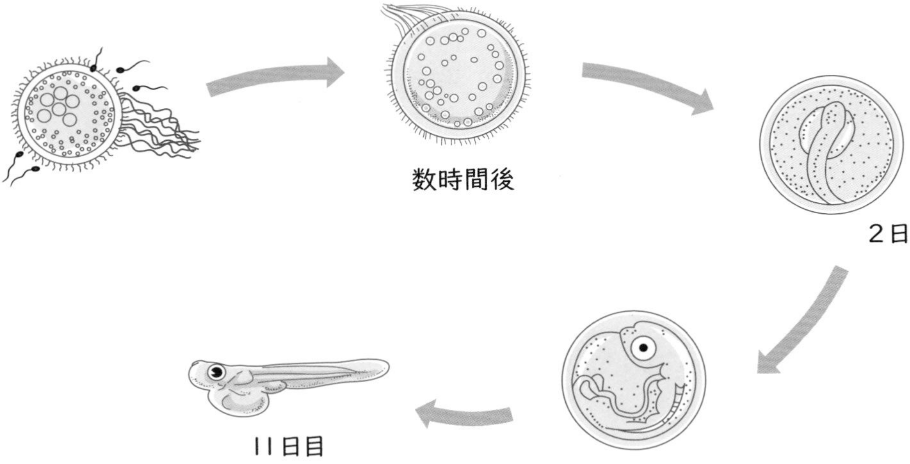

⑼ めすがうんだ卵とおすが出した精子が結びつくことを［⑩　　　　］といい，できた卵を［⑪　　　　］という。

⑽ 卵の中には養分があり，卵の中ではメダカの子はその養分で育つ。

⑾ 誕生して２～３日は，［⑫　　　　］の中の養分で育ち，その後，えさを食べ始める。

学習日　　月　　日

8 ヒトの誕生

要点まとめ

解答▶別冊 P.4

ヒトの生命の誕生

ヒトの生命の誕生

卵（卵子）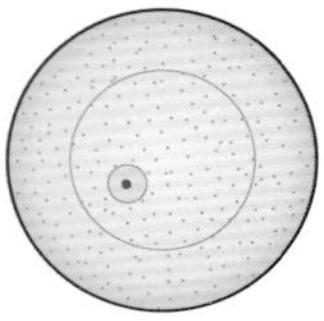

精子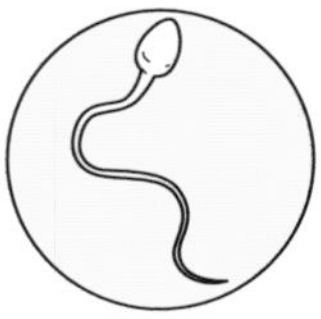

(1) 卵（卵子）（らん（らんし））は，女性の体内でつくられ，直径は

① 約 0.14mm・約 1.4mm

である。　当てはまるものを○で囲もう

(2) 精子は，男性の体内でつくられ，長さは

② 約 0.06mm・約 0.6mm

である。

(3) 卵と精子が結びつくと，ヒトの生命が誕生する。卵と精子が結びつくことを

③ ＿＿＿＿ といい，できた卵を ④ ＿＿＿＿ という。

(4) ④は女性の体内にある ⑤ ＿＿＿＿ の中で育ち，子どもが誕生する。

子宮の中での子どもの育ち方

子どもの育ち方

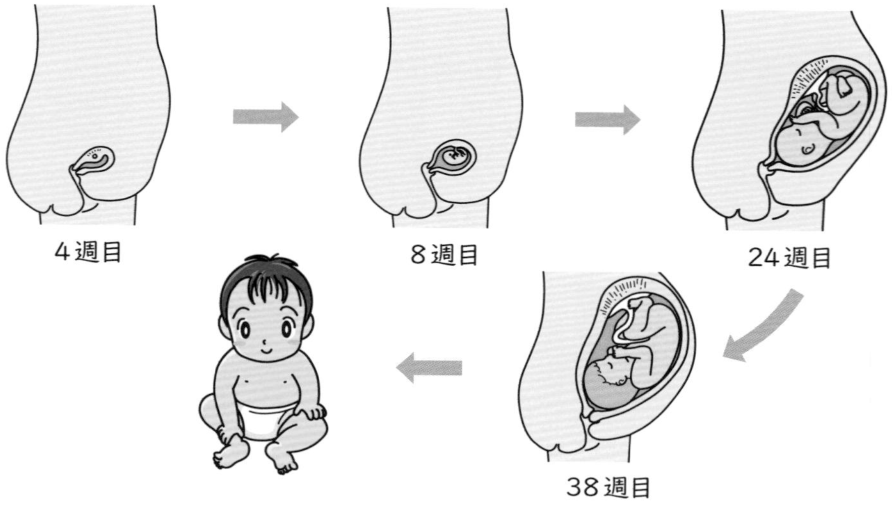

(5) 受精後，約４週で心臓が動き始める。

→約８週で手やあしの区別がつくようになり，目や耳ができる。

→約24週で骨や筋肉が発達して，からだを回転させて活発に動くようになる。

当てはまるものを○で囲もう

→ ⑥ 約 38 週・約 48 週 でうまれる。

(6) うまれたばかりのヒトの子どもの身長は ⑦ 約 25cm・約 50cm ，体重は ⑧ 約 1500 g・約 3000 g である。

(7) うまれたあとは，半年以上の間，⑨ ＿＿＿ を飲んで育つ。

子宮の中のようす

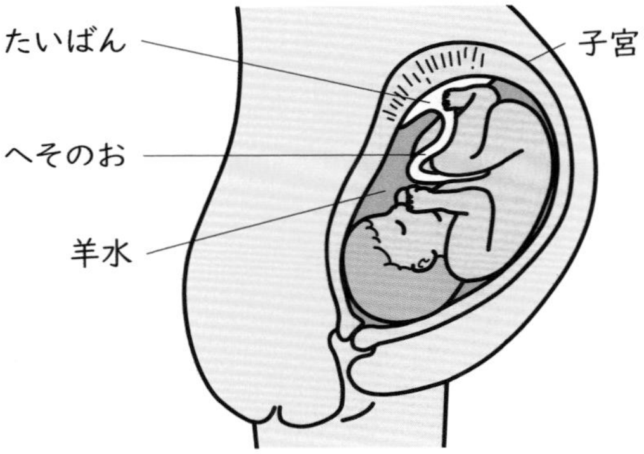

(8) ⑩ ＿＿＿ …母親からの養分などと，子どもがいらなくなったものを交換（こうかん）する。

(9) ⑪ ＿＿＿ …たいばんと子どもをつないでいる。養分やいらなくなったものが通る。

(10) ⑫ ＿＿＿ …子宮を満たす液体。子どもを外部のしょうげきから守っている。

中学ではどうなる？

● メダカのように，めすが卵をうみ，卵から子がかえる子のうまれ方を卵生（らんせい）というよ。

● ヒトのように，母親の体内である程度育ってから子がうまれる子のうまれ方を胎生（たいせい）というよ。

学習日　　月　　日

9 からだのつくりと運動

要点まとめ

解答▶別冊P.4

ヒトのからだのつくり

骨と筋肉

(1) ヒトのからだにはかたい部分とやわらかい部分があり，かたい部分を ①[　　　　]，やわらかい部分を ②[　　　　] という。骨は，からだを支えたり，守ったりしている。

ヒトの骨

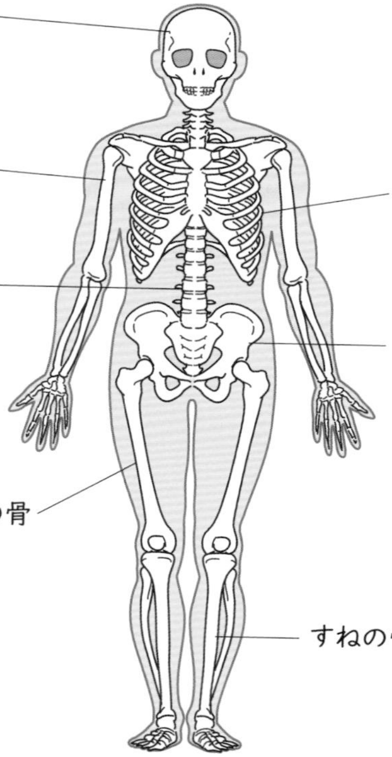

骨と骨のつなぎ目

(2)からだの中で曲げられる部分は，骨と骨のつなぎ目である。この骨と骨とのつなぎ目を ③[　　　　] という。

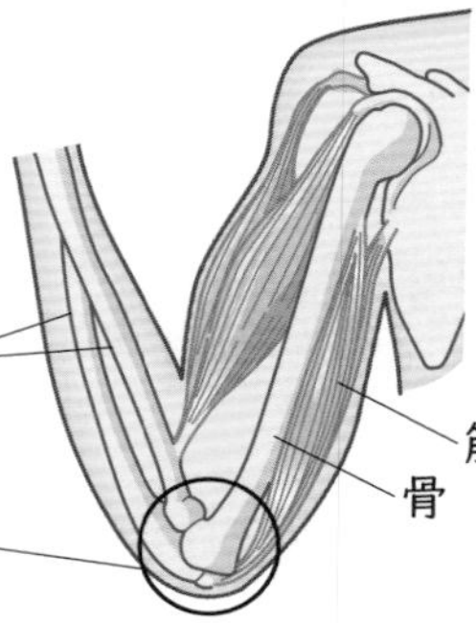

からだが動くしくみ

うでを曲げるとき　　　うでをのばすとき

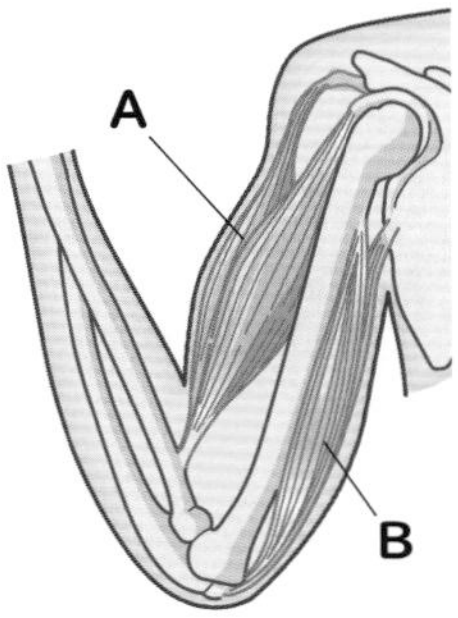

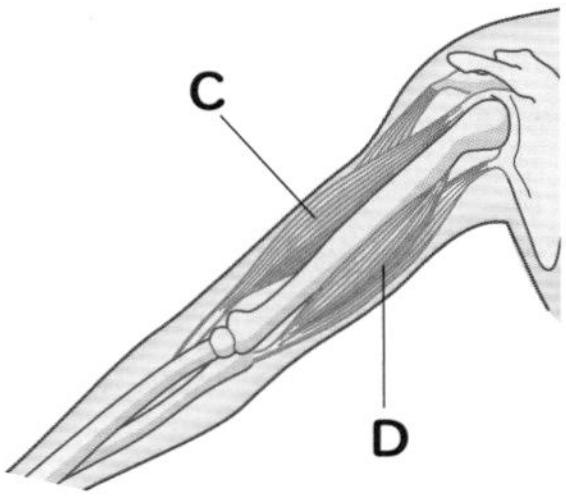

(3) うでを曲げるときは，内側のAの筋肉が ④［ゆるみ・ちぢみ］，外側のBの筋肉が ⑤［ゆるむ・ちぢむ］。

当てはまるものを○で囲もう

(4) うでをのばすときは，内側のCの筋肉が ⑥［ゆるみ・ちぢみ］，外側のDの筋肉が ⑦［ゆるむ・ちぢむ］。

(5) ヒトのからだは，筋肉がちぢんだり，ゆるんだりすることで動かすことができる。

(6) 筋肉は，力を入れると ⑧［やわらかくなる・かたくなる］。

動物のからだのつくり

動物の骨と筋肉

(7) ヒト以外の動物にも，骨や筋肉，関節があり，これらのはたらきでからだを支えたり，動かしたりできる。

中学では どうなる？

- 骨につく筋肉のはしの部分は細く，じょうぶで，骨にしっかりとついている。この部分をけんというよ。
- 筋肉は，動かしたい関節をまたいで2つの骨についているよ。

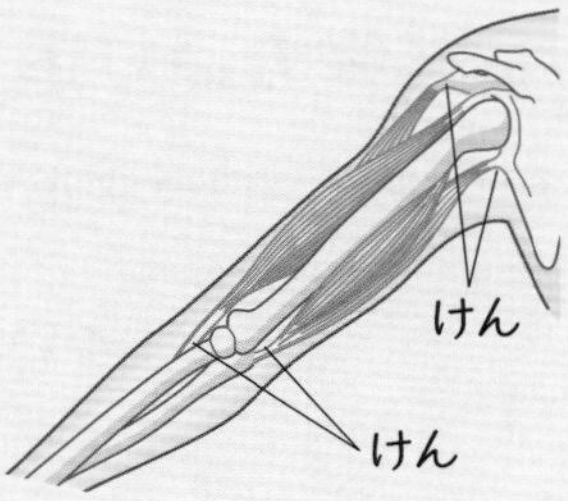

学習日　　月　　日

10 動物のつくりとはたらき(1)

重要!
➡P.32〜33の問題も解いてみよう!

要点まとめ

解答▶別冊P.4

食べ物のゆくえ

だ液のはたらきを調べる実験

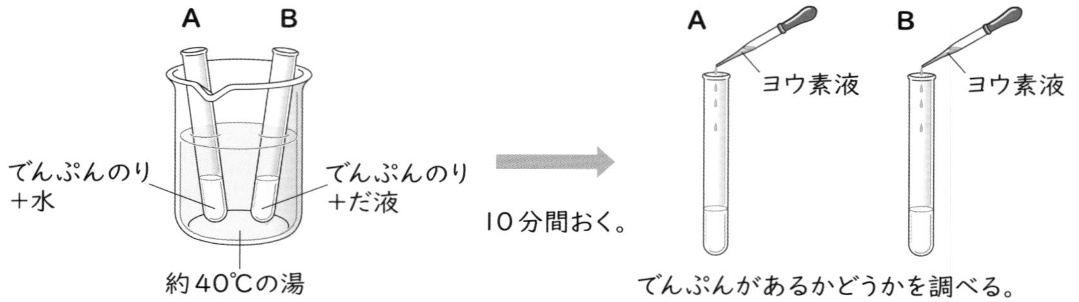

(1) ヨウ素液を使って，でんぷんがあるかどうかを調べると，［① A・B］の試験管の液の色が青むらさき色に変化した。

当てはまるものを○で囲もう

→［② A・B］の試験管ではでんぷんがなくなった。

(2)だ液には，［③　　　　］を別のものに変えるはたらきがある。

消化

(3) 食べ物を細かくし，からだに吸収されやすい養分に変えることを［④　　　　］という。

(4) 消化のはたらきをもつ液を［⑤　　　　］という。

食べ物の通り道

(5) 食べ物が，口→食道→胃→小腸→大腸→こう門の順に通る通り道を［⑥　　　　］という。

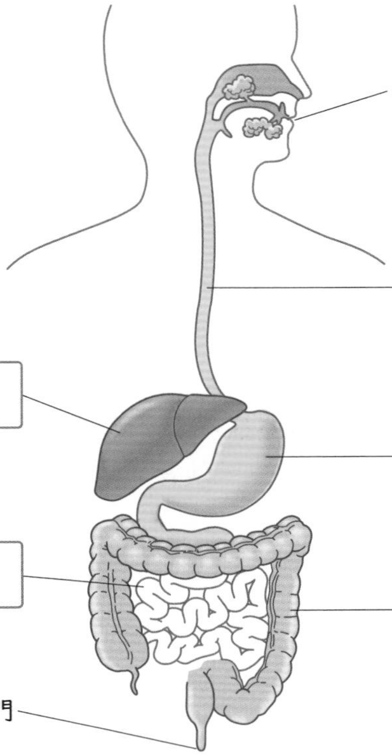

養分の吸収

(6) 食べ物は消化されて養分に変化する。養分は水といっしょに，おもに ⑫ で吸収され，さらに大腸で水分が吸収される。

(7) 小腸から吸収された養分は，血液によって ⑬ に運ばれる。⑬は，養分の一部をたくわえ，必要なときに全身に送り出す。

中学ではどうなる？

- 多くの消化液には食べ物を分解するはたらきをもつ物質がふくまれていて，これを消化酵素（しょうかこうそ）というよ。
- 小腸の内側のかべには細かいひだがたくさんあるよ。そのひだにはさらに小さなとっ起がたくさんあり，これをじゅう毛（もう）というよ。じゅう毛があることで，小腸の表面積が大きくなって，養分を効率よく吸収できるよ。

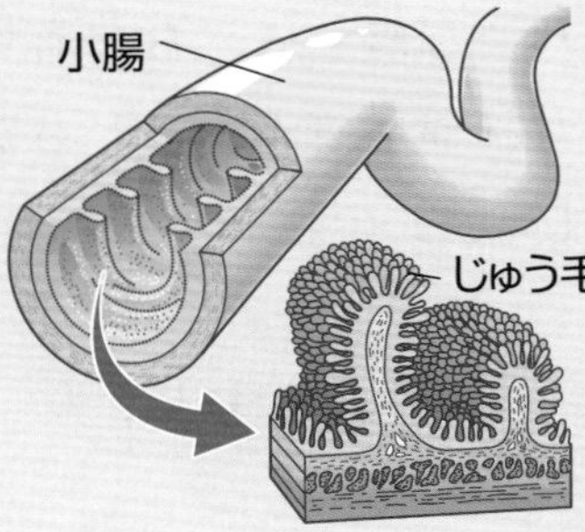

問題を解いてみよう！

解答・解説▶別冊 P.4

1 だ液のはたらきについて調べるために，でんぷんのりを使って，次のような実験を行いました。これについて，あとの問いに答えなさい。

〔実験〕 ご飯つぶを木綿（もめん）の布に入れ，**図1**のように，湯にもみ出してでんぷんのりをつくりました。試験管**A**，**B**にでんぷんのりを同量ずつ入れ，試験管**A**にはだ液を加え，試験管**B**には水をだ液と同量加えて，**図2**のように，湯につけました。10分後，試験管**A**，**B**にヨウ素液を加えて，色の変化を調べました。

図1

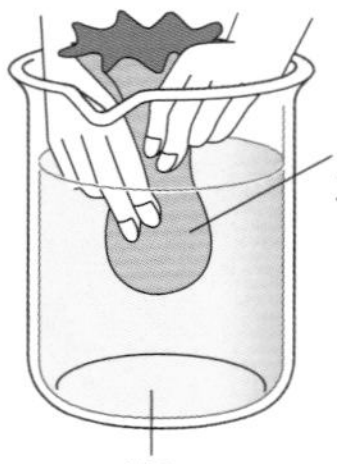

図2

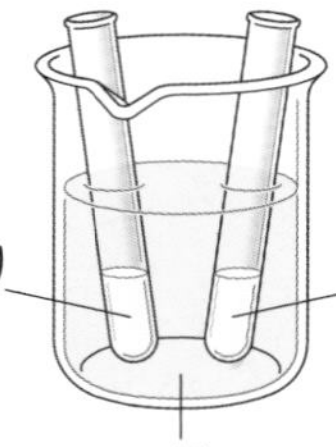

(1)〔実験〕で，**図1**で，ご飯つぶをもみ出す湯や，**図2**で試験管**A**，**B**をつける湯の温度は何℃くらいにするとよいですか。次の**ア**～**ウ**から1つ選びなさい。

ヒトの体温は何℃くらいかな？

ア　40℃　　**イ**　70℃　　**ウ**　90℃

〔　　〕

(2)〔実験〕で，試験管**A**，**B**にヨウ素液を加えたとき，液の色はどのようになりましたか。次の**ア**～**エ**から1つ選びなさい。

ア　試験管**A**は青むらさき色に変化し，試験管**B**は変化しなかった。
イ　試験管**A**は変化せず，試験管**B**は青むらさき色に変化した。
ウ　試験管**A**，**B**とも青むらさき色に変化した。
エ　試験管**A**，**B**とも変化しなかった。

〔　　〕

(3)〔実験〕の結果から，どのようなことがわかりますか。次の文の（　**X**　），（　**Y**　）に当てはまることばをそれぞれ書きなさい。

（　**X**　）には，（　**Y**　）を別のものに変えるはたらきがある。

X〔　　　　〕　**Y**〔　　　　〕

2 図は，ヒトのからだのつくりを前から見たようすです。これについて，次の問いに答えなさい。

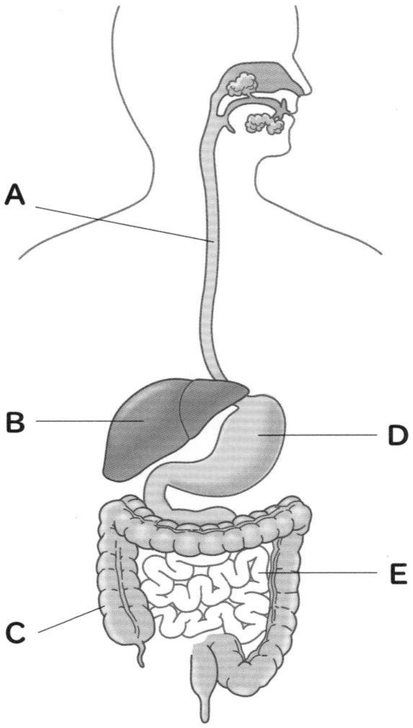

(1) 図の**B**，**C**の臓器をそれぞれ何といいますか。その組み合わせとして適切なものを，次の**ア**～**エ**から１つ選びなさい。

	B	C
ア	かん臓	小腸
イ	かん臓	大腸
ウ	胃	小腸
エ	胃	大腸

[　　　]

(2) 図の**A**～**E**のうち，食べ物はどこを通りますか。食べ物が通る順に正しく並べたものを，次の**ア**～**エ**から１つ選びなさい。

ア　口→**A**→**B**→**C**→**E**→こう門
イ　口→**A**→**B**→**E**→**C**→こう門
ウ　口→**A**→**D**→**C**→**E**→こう門
エ　口→**A**→**D**→**E**→**C**→こう門

[　　　]

(3) (2)のような，口からこう門までの食べ物の通り道を何といいますか。

[　　　]

(4) 口の中に出され，でんぷんの消化にかかわる消化液を何といいますか。

[　　　]

(5) 食べ物が消化されてできた養分は，おもにからだのどの臓器から吸収されますか。図の**A**～**E**から１つ選びなさい。

[　　　]

(6) 吸収された養分が運ばれ，たくわえられる臓器はどこですか。図の**A**～**E**から１つ選びなさい。

[　　　]

学習日　　月　　日

11 動物のつくりとはたらき(2)

重要! ➜P.36～37の問題も解いてみよう!

要点まとめ

解答▶別冊P.4

呼吸

吸う空気とはき出した空気

吸う空気　　　　　　　　　　　　はき出した空気

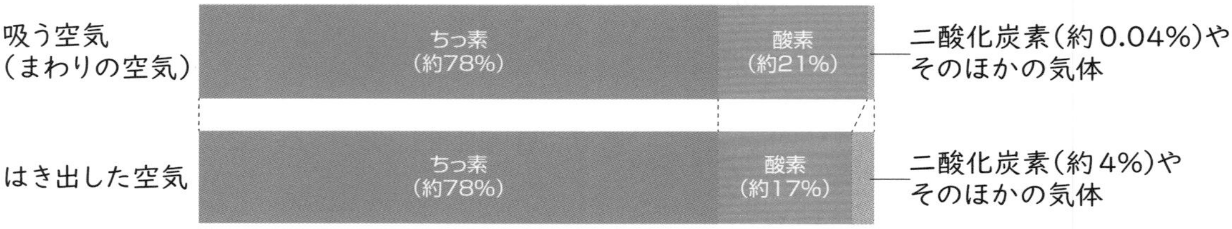

(1) はき出した空気は，吸う空気と比べて，①［酸素・二酸化炭素］が少なく，②［酸素・二酸化炭素］が多い。

当てはまるものを○で囲もう

(2) 酸素をとり入れ，二酸化炭素を出すことを ③［　　　］という。

肺のはたらき

(3) 鼻や口から吸った空気は ④［　　　］を通り，⑤［　　　］に運ばれる。

(4) 肺には血管が通っていて，空気中の ⑥［酸素・二酸化炭素］の一部が血液中にとり入れられ，血液からは ⑦［酸素・二酸化炭素］が出される。

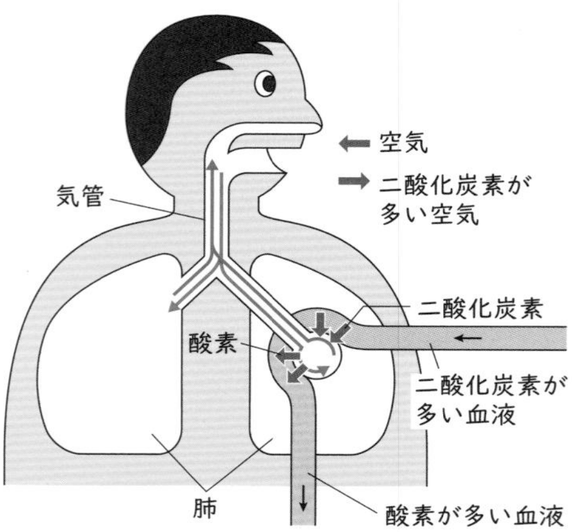

血液のはたらき

血液の流れ

(5) 血液は，⑧［　　　　］のはたらきで全身に送られる。

(6) 血液を送り出すときの心臓の動きを⑨［　　　　］，心臓の動きが血管を伝わり，手首などで感じる動きを⑩［　　　　］という。

(7) 血液は，全身をめぐって，養分や酸素，二酸化炭素などを運ぶはたらきをしている。

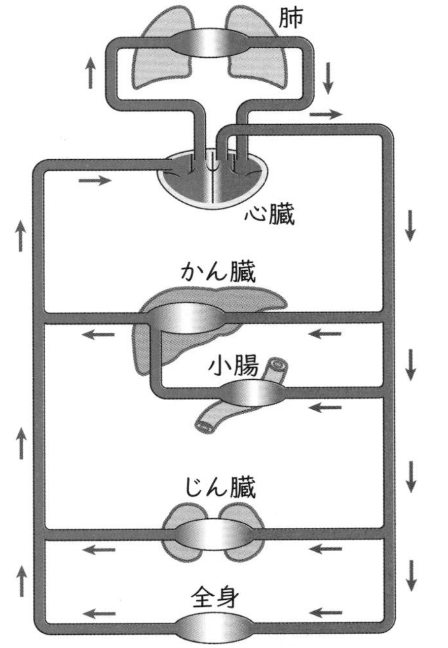

不要なものを運ぶしくみ

(8) からだの中の不要なものは，血液によって⑪［　　　　］に運ばれます。

(9) じん臓で不要なものが血液中からとり除かれて⑫［　　　　］がつくられ，しばらくぼうこうにためられた後，からだの外に出されます。

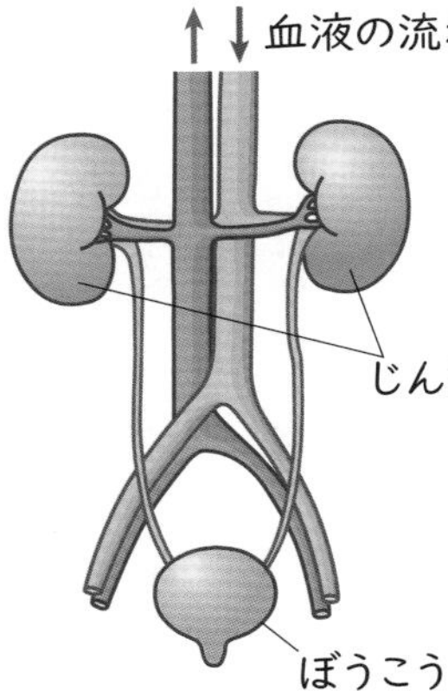

中学ではどうなる？

- 心臓から出た血液が，肺に運ばれ心臓にもどる流れを肺じゅんかん，心臓から出た血液が肺以外の全身をめぐって心臓にもどる流れを体じゅんかんというよ。
- 酸素を多くふくむ血液を動脈血，二酸化炭素を多くふくむ血液を静脈血というよ。

問題を解いてみよう！

解答・解説▶別冊P.4

1 ヒトの吸う空気とはき出した空気にどのようなちがいがあるのか調べるために，次の実験を行いました。これについて，あとの問いに答えなさい。

〔実験〕 ポリエチレンのふくろを２枚用意し，**図１**のように，**A**には息をふきこみ，**B**にはまわりの空気を集め，口を閉じました。次に，それぞれのふくろに石灰水(せっかいすい)を入れてよくふり，変化のようすを調べました。

図１

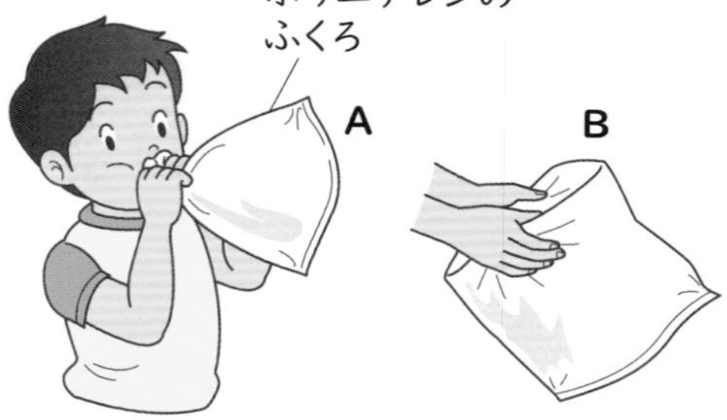

(1)〔実験〕の結果，一方のふくろの石灰水だけ白くにごりました。白くにごったのは**A**，**B**どちらのふくろですか。

［　　　］

(2) (1)の結果からどのようなことがわかりますか。次の**ア**～**エ**から１つ選びなさい。

ア　はき出した息には，酸素が多くふくまれている。
イ　はき出した息には，二酸化炭素が多くふくまれている。
ウ　吸う空気には，酸素が多くふくまれている。
エ　吸う空気には，二酸化炭素が多くふくまれている。

［　　　］

(3) **図２**は，ヒトが空気を吸ったり，息をはいたりするからだのつくりを表したものです。**P**，**Q**の部分をそれぞれ何といいますか。

P［　　　　　］ **Q**［　　　　　］

図２

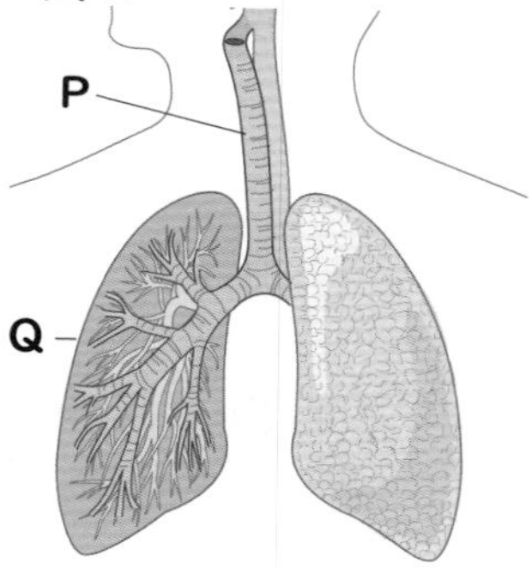

(4) **図２**の**Q**のはたらきによって，からだにとり入れられる気体は何ですか。

［　　　　　］

2 図は，血液がからだの中を流れるようすを表したものです。これについて，次の問いに答えなさい。

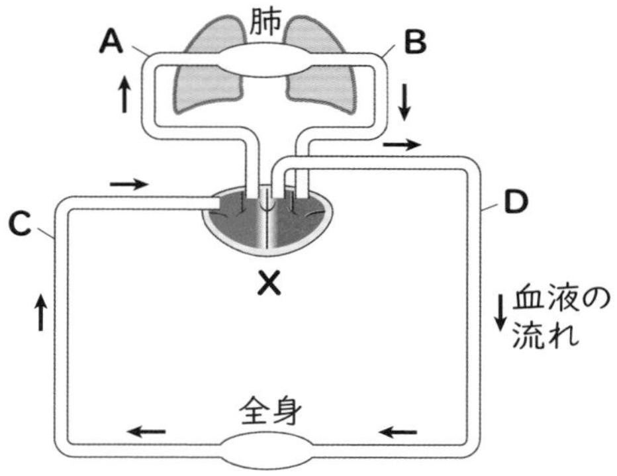

(1) 図の**X**は，血液を送り出すポンプのはたらきをしています。図の**X**を何といいますか。次の**ア**～**エ**から1つ選びなさい。

ア　食道　　　**イ**　気管
ウ　心臓　　　**エ**　かん臓

(2) 図の**X**は血液を送り出すために，ちぢんだりゆるんだりします。この動きを何といいますか。

(3) (2)の動きは，手首や首などに指を当てると感じることができます。このように(2)の動きが血管を伝わってきたものを何といいますか。

(4) 図の**A**～**D**のうち，酸素を多くふくむ血液が流れているものはどれですか。その組み合わせとして適切なものを，次の**ア**～**エ**から1つ選びなさい。

ア　A，B　　　**イ**　A，C
ウ　B，D　　　**エ**　C，D

3 図は，ヒトのからだのつくりの一部を表したものです。これについて，次の問いに答えなさい。

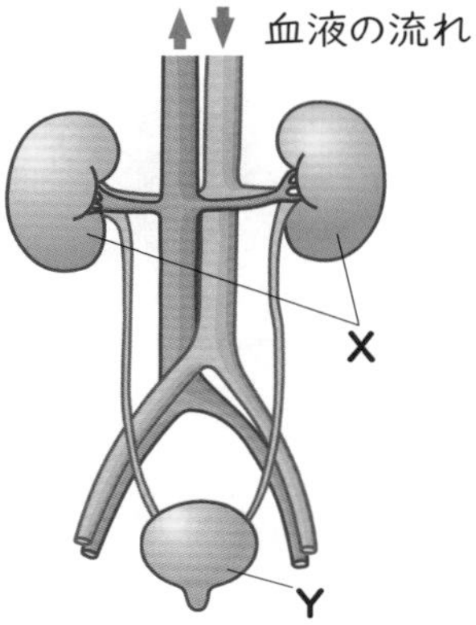

(1) 図の**X**，**Y**をそれぞれ何といいますか。

X［　　　］　**Y**［　　　］

(2) 図の**X**はどのようなはたらきをしていますか。次の**ア**～**エ**から1つ選びなさい。

ア　吸収された養分を一時的にたくわえる。
イ　からだの中で不要になったものを血液中からとり除く。
ウ　血液を全身に送り出す。
エ　気体の交かんを行う。

学習日　　月　　日

12 植物のつくりとはたらき

重要!
➡P.40～41の問題も解いてみよう!

要点まとめ

解答▶別冊 P.5

植物と水

水の通り道を調べる実験

断面のようす　根・くき・葉のいずれか

①	②	③
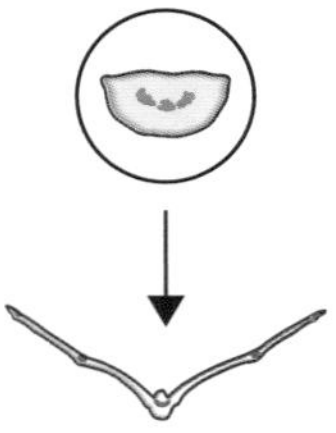	（横）（縦）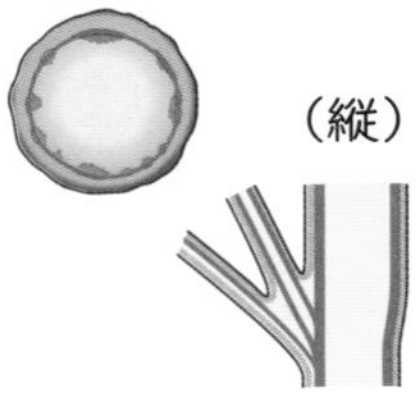	（横）（縦）

(1) 植物を赤く着色した水にさしておくと，根，くき，葉の一部が赤色に染まった。
→植物の根，くき，葉には水の通り道がある。ここを通って，水は植物のからだ全体に運ばれる。

水が出ていくことを調べる実験

A 葉のついたホウセンカにポリエチレンのふくろをかぶせる。

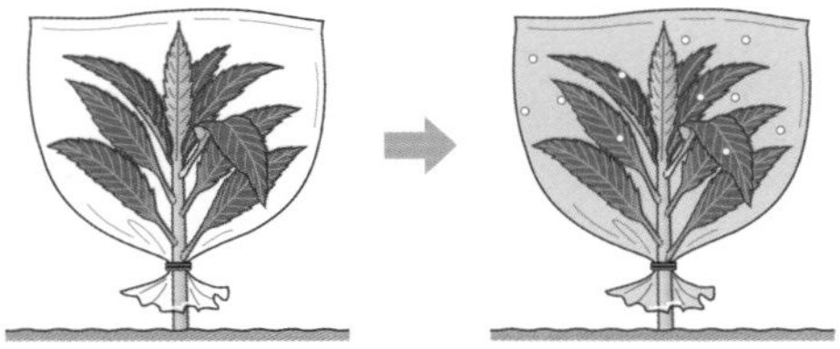

B 葉をとったホウセンカにポリエチレンのふくろをかぶせる。

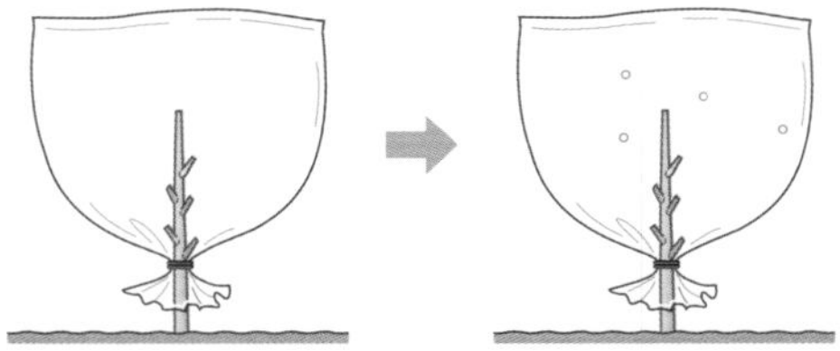

当てはまるものを○で囲もう

(2) ④ A・B ではふくろの内側に水てきがたくさんついた。
→水はおもに ⑤ 葉・くき から**水蒸気**となって出ていく。

(3) 植物のからだから，水が水蒸気となって出ていくことを ⑥ 　　 という。

⑷ 葉に多く見られる，水蒸気が出ていく小さな穴を

⑦ [　　　　　] という。

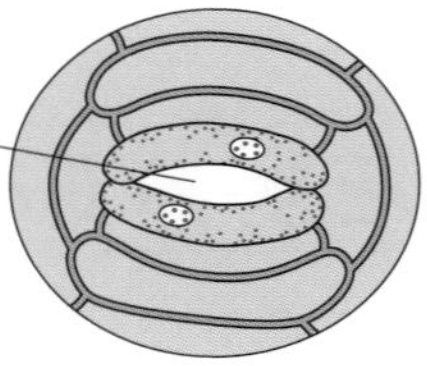
気こう

植物と養分

★ 養分のでき方を調べる実験

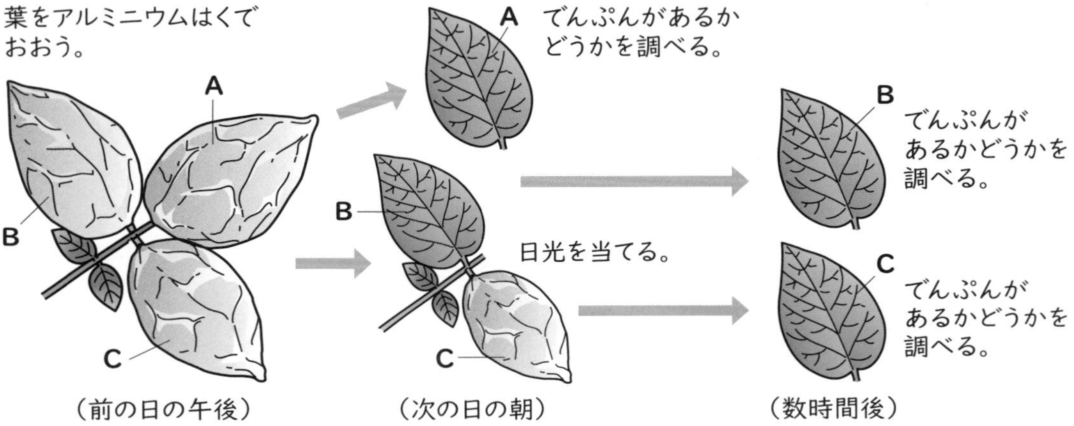
葉をアルミニウムはくでおおう。
A
B
C
（前の日の午後）
A でんぷんがあるかどうかを調べる。
B
C
日光を当てる。
（次の日の朝）
B でんぷんがあるかどうかを調べる。
C でんぷんがあるかどうかを調べる。
（数時間後）

⑸ ヨウ素液を使って，A～Cの葉にでんぷんがあるかどうかを調べると，

当てはまるものを○で囲もう

⑧ [A・B・C] の葉の色が青むらさき色に変化した。

⑹ 植物の葉に ⑨ [　　　　　] が当たるとでんぷんがつくられる。

植物と空気

★ 日光が当たっているとき

⑺ 植物は，日光が当たっているときは，空気中の ⑩ [酸素・二酸化炭素] をとり入れ，⑪ [酸素・二酸化炭素] を出している。

★ 呼吸

⑻ 植物もたえず呼吸をしていて，空気中の ⑫ [酸素・二酸化炭素] をとり入れ，⑬ [酸素・二酸化炭素] を出している。

問題を解いてみよう！

解答・解説▶別冊 P.5

1 植物の葉で見られる現象を調べるために，ホウセンカを使って，次のような実験を行いました。これについて，あとの問いに答えなさい。

〔実験１〕　**図１**のように，三角フラスコに赤く着色した水を入れ，根がついたホウセンカをさしました。数時間後，くきを縦や横に切って，断面のようすを調べました。

〔実験２〕　同じ大きさのホウセンカを２つ用意し，**図２**のように，**A**は葉をすべてとり，**B**はそのままにして，ポリエチレンのふくろをかぶせて口をしばりました。日なたにしばらく置き，ふくろの内側のようすを観察しました。

図１

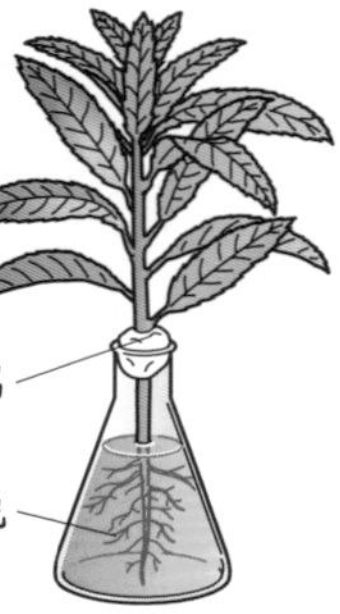

図２

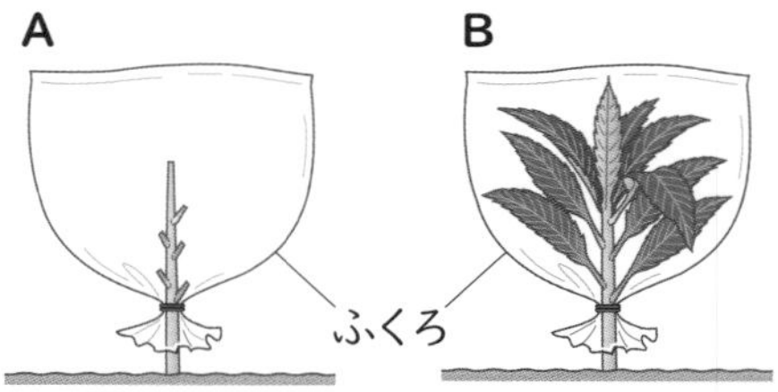

(1)〔実験１〕で，くきの縦と横の断面のようすはどのようになっていましたか。縦は次の**ア**，**イ**から，横は次の**ウ**，**エ**からそれぞれ１つずつ選びなさい。

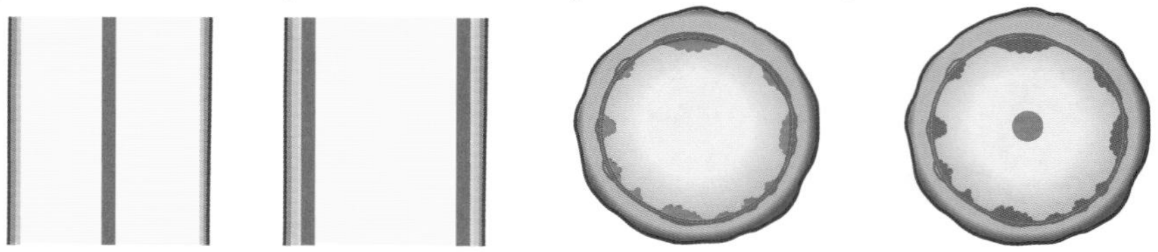

縦［　　］　横［　　］

(2)〔実験２〕で，**A**，**B**のふくろの内側のようすとして適切なものを，次の**ア**～**ウ**から１つ選びなさい。

ア　**A**のほうがたくさん水てきがついていた。
イ　**B**のほうがたくさん水てきがついていた。
ウ　**A**，**B**とも同じくらいたくさんの水てきがついていた。

［　　］

(3)〔実験２〕の結果から，どのようなことがわかりますか。次の**ア**～**ウ**から１つ選びなさい。

ア　おもに葉から多くの水がからだの外に出る。
イ　おもにくきから多くの水がからだの外に出る。
ウ　葉とくきから同じくらいの水がからだの外に出る。

［　　　］

(4) 植物のからだから水が水蒸気となって外に出ていくことを何といいますか。

［　　　］

2 葉のはたらきについて調べるために，ジャガイモの葉を使って，次のような実験を行いました。これについて，あとの問いに答えなさい。

〔実験〕　ある日の午後，図のように，ジャガイモの葉の**A**～**C**にアルミニウムはくでおおいをして一晩置きました。次の日の朝，**A**の葉を切りとってアルミニウムはくを外し，ヨウ素液につけて，色の変化を調べました。**B**の葉はアルミニウムはくを外し，**C**の葉はアルミニウムはくでおおいをしたまま，数時間日光を当てました。その後，**A**の葉と同じようにして，**B**の葉と**C**の葉の色の変化を調べました。

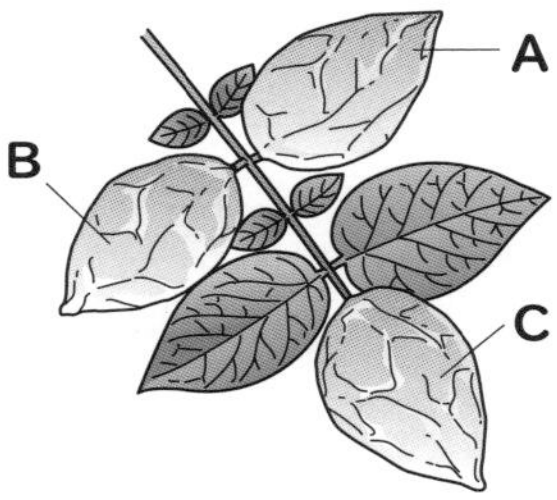

(1)〔実験〕で，ヨウ素液につけたとき，変化が見られた葉はどれですか。**A**～**C**から１つ選びなさい。

［　　　］

(2)〔実験〕で，(1)の葉には，どのような変化が見られましたか。次の**ア**～**エ**から１つ選びなさい。

ア　白色に変化した。　　**イ**　黄色に変化した。
ウ　赤色に変化した。　　**エ**　青むらさき色に変化した。

［　　　］

(3)〔実験〕で，(2)のような変化が見られたことから，葉に何がつくられたことがわかりますか。

［　　　］

(4)〔実験〕で，葉で(3)がつくられるためには，何が必要なことがわかりますか。次の**ア**～**ウ**から１つ選びなさい。

ア　水　　**イ**　適当な温度　　**ウ**　日光

［　　　］

学習日　　月　　日

13 生物どうしのつながり

要点まとめ

解答▶別冊P.6

食べ物を通したつながり

食べ物を通した生物どうしのつながり

当てはまるものを○で囲もう

(1) 生物は生きていくために養分が必要である。［①　植物・動物　］は日光を利用して，自ら養分をつくり出す。［②　植物・動物　］は植物や動物を食べることで養分を体内にとり入れる。

(2) 生物どうしは，「食べる・食べられる」の関係でつながっている。このひとつながりを［③　　　　］という。

(3)「食べる・食べられる」の関係の始まりは，自分で養分をつくることができる［④　植物・動物　］である。

陸上の生物の食物連鎖（しょくもつれんさ）

水中の生物の食物連鎖

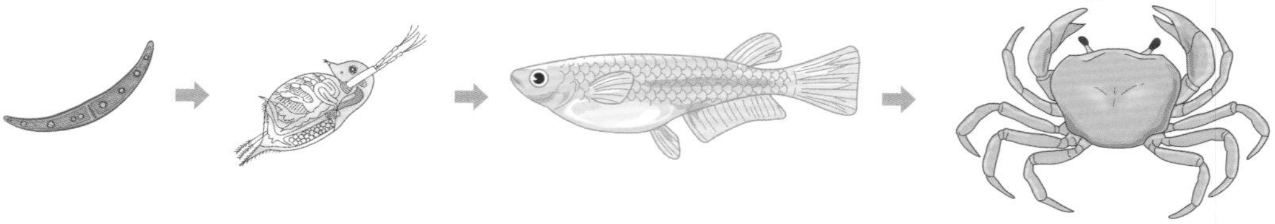

空気や水を通したつながり

空気を通した生物どうしのつながり

(4) 植物は，日光が当たっているとき，空気中の ⑤［酸素・二酸化炭素］をとり入れ，空気中に ⑥［酸素・二酸化炭素］を出している。

当てはまるものを○で囲もう

(5) 動物や植物は，呼吸を行い，空気中の ⑦［酸素・二酸化炭素］をとり入れ，空気中に ⑧［酸素・二酸化炭素］を出している。

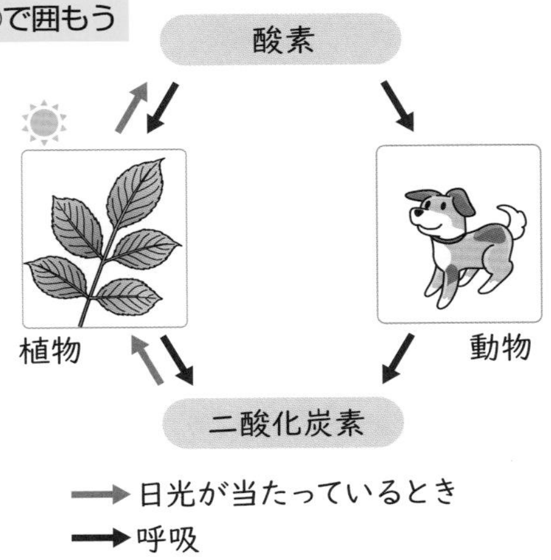

水を通した生物どうしのつながり

(6) 生物は，からだのはたらきを保つために水が必要である。

(7) 水は，水面や地面から ⑨［　　　］となって空気中に混ざり，上空へと運ばれる。水蒸気は雲となり ⑩［　　　］や雪となって地上にもどる。こうして，水は自然の中をじゅんかんしている。

学習日　　月　　日

14 器具の使い方(2)

要点まとめ

解答▶別冊 P.6

温度計の使い方

温度計の使い方

(1) 温度計の先の部分を ① ［　　　］ といい，ここにふれているものの温度をはかることができる。温度をはかるときは手の温度が伝わるので，液だめを持たないようにする。

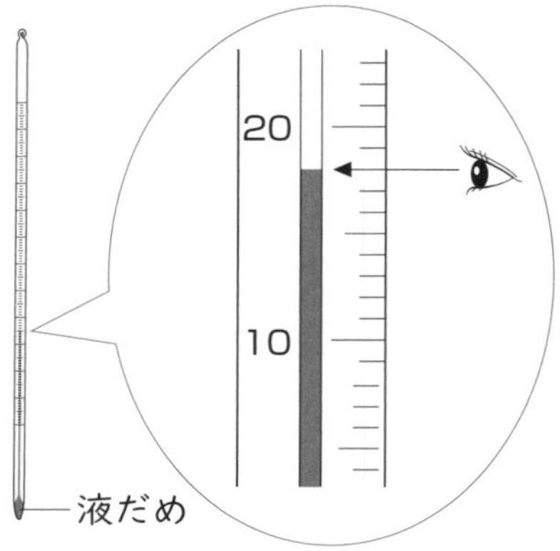

(2) 温度計の目盛りを読むときは，温度計の液の先の高さと ② ［　　　］ の高さとをそろえ，温度計と目が直角になるようにして読む。

(3) 図の温度計では ③ ［　　　］ ℃と読むことができる。

方位磁針の使い方

方位磁針のつくり

(4) 方位磁針の針は，北と南をさして止まり，針の色のついた方が ④ ［　　　］（東・西・南・北のいずれか） をさす。

方位磁針の使い方

(5) 調べたい方向を向いて，方位磁針を水平に持ち，針の動きが止まったらケースを回して， ⑤ ［　　　］（東・西・南・北のいずれか） の文字を針の色のついた方に合わせ，調べたい方位を読みとる。

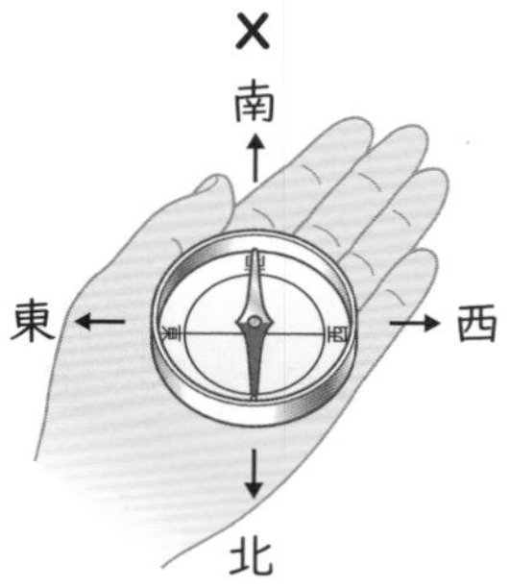

(6) 図で，Xに太陽が見えるとき，太陽がある方位は ⑥ ［　　　］（東・西・南・北のいずれか） である。

星座早見の使い方

星座早見

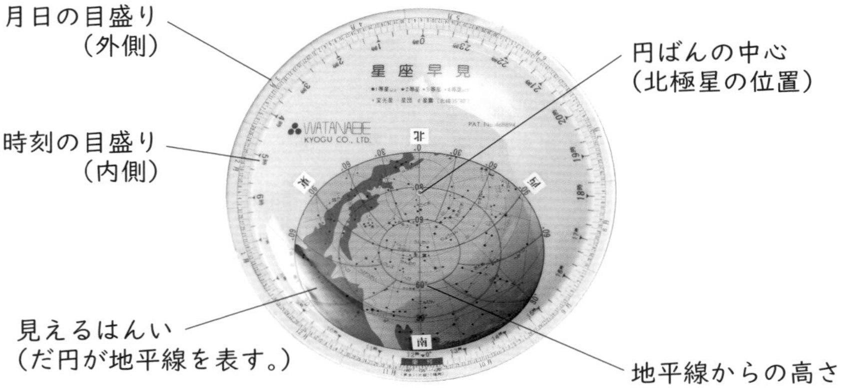

⑺ 星座早見を使うと，いつ，どの方位にどんな星が見えるかを調べることができる。

⑻ ２枚の円形の板でできていて，外側が ⑦［ 月日・時刻 ］の目盛り，内側が ⑧［ 月日・時刻 ］の目盛りになっている。当てはまるものを○で囲もう

また，円ばんの中心は ⑨［　　　］の位置を示している。

北の空に見えるほとんど動かない星

星座早見の使い方

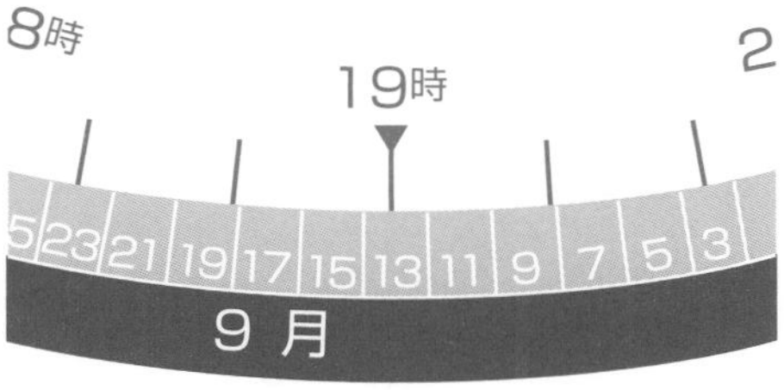

⑼ 観察するときの月日の目盛りと時刻の目盛りを合わせて，調べたい方位を ⑩［ 上・下 ］にして星座早見を頭の上にかざす。

⑽ 図は，⑪［　　　］月 ⑫［　　　］日の ⑬［　　　］時に，⑭［　　　］の空を調べるときのようすである。

東・西・南・北のいずれか

学習日　　月　　日

15 天気と気温・水のゆくえ

要点まとめ

解答▶別冊 P.6

気温のはかり方とグラフ

気温のはかり方

当てはまるものを○で囲もう

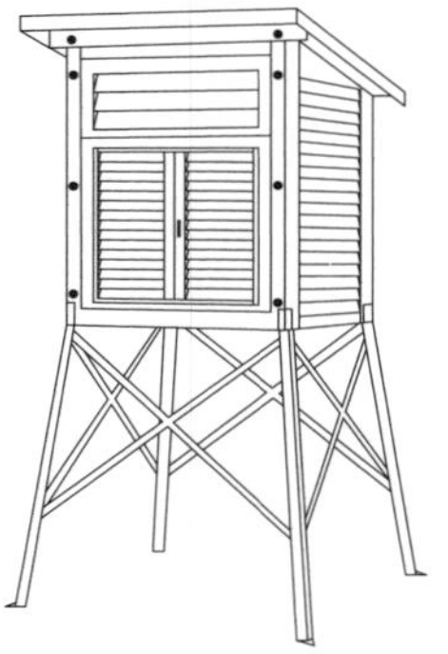

(1) 気温は，日光が直接 ① 当たる・当たらない ，風通しの ② よい・悪い ところではかり，地面からの高さは ③ 0.5 ～ 1.0 m・1.2 ～ 1.5 m にする。

(2) 図は，気温をはかる条件に合うようにつくられた装置で， ④ ［　　　　］ という。

気温の変化を表すグラフ（折れ線グラフ）

(3) 線のかたむきが大きいほど気温の変わり方が ⑤ 大きい・小さい 。

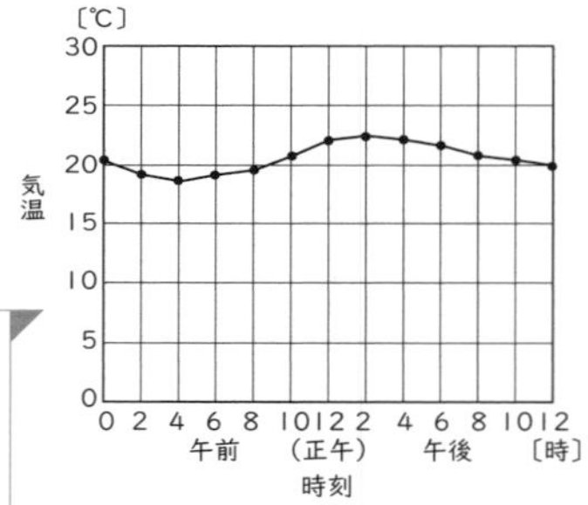

折れ線グラフのかき方

1．横じくに「時刻」をとり，目盛りをつけて単位をかく。
2．縦じくに「気温」をとり，目盛りをつけて単位をかく。
3．それぞれの時刻の気温を表す点を打ち，点を順に直線でつなぐ。

天気と気温

晴れの日

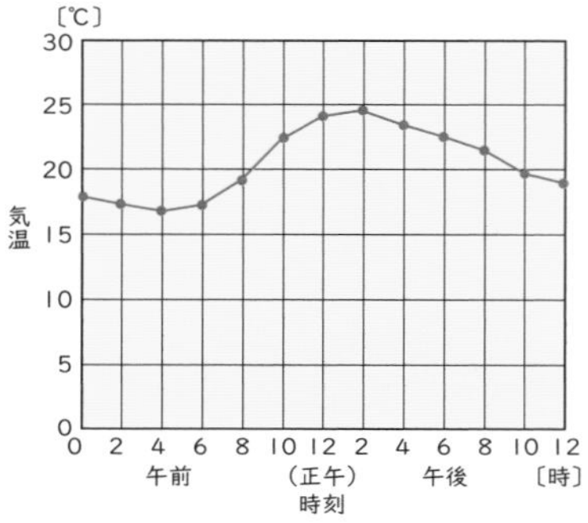

くもりや雨の日

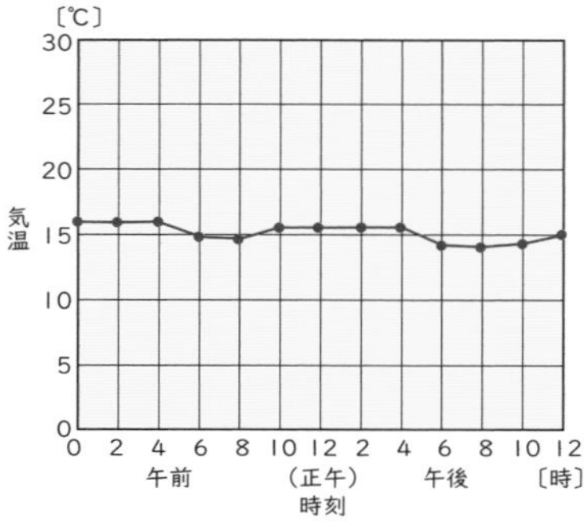

晴れの日の１日の気温の変化

当てはまるものを○で囲もう

(4) 晴れの日の１日の気温は，朝と夕方に ⑥［高く・低く］，昼過ぎに ⑦［高く・低く］なる。

(5) 晴れの日は，１日の気温の変化が ⑧［大きい・小さい］。

くもりや雨の日の１日の気温の変化

(6) くもりや雨の日は，１日の気温の変化が ⑨［大きい・小さい］。

水のゆくえ

空気中に出ていく水

ふたをしたとき

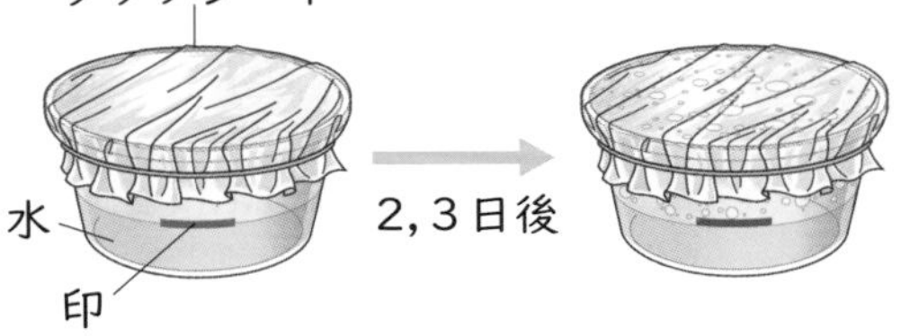

ふたをしなかったとき

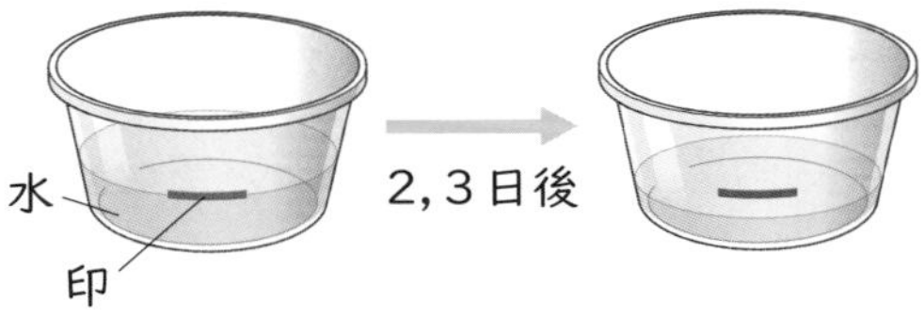

(7) ふたを ⑩［した・しなかった］容器では，容器やラップシートの内側に水てきがついた。

(8) ふたを ⑪［した・しなかった］容器では，水がへっていた。

(9) 水は，熱しなくても ⑫［　　　］して，⑬［　　　］になり，空気中に出ていく。

⑫ 水が目に見えないすがたに変わること

⑬ 水が目に見えないすがたに変わったもの

空気中にある水

(10) 氷水を入れたコップの外側に水てきがつくのは，空気中の ⑭［　　　］が冷やされて水になったからである。

(11) 空気中の水蒸気が冷やされて水てきがつくことを ⑮［　　　］という。

学習日 月 日

16 天気の変化

重要! ➡P.50～51の問題も解いてみよう!

要点まとめ

解答▶別冊P.6

雲のようすと天気の変化

雲と天気

(1) 天気の「晴れ」と「くもり」は，雲の量で決める。空全体の広さを10として，そのうち雲がおおっている空の広さが0～8のときを ① 晴れ・くもり ，9～10のときを ② 晴れ・くもり とする。

当てはまるものを○で囲もう

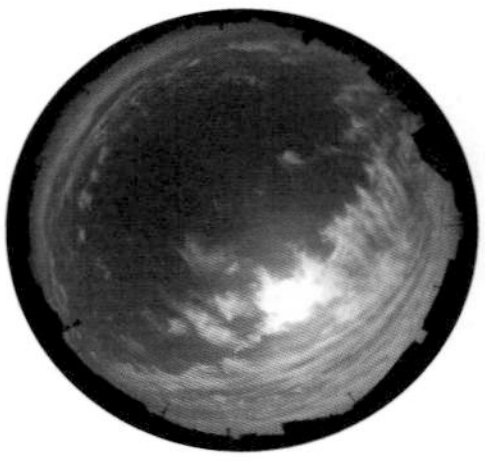
雲の量4(晴れ)

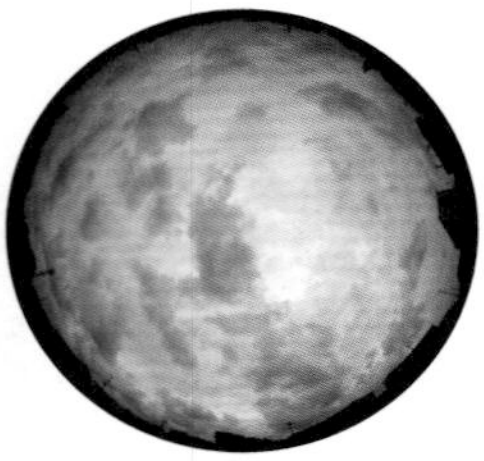
雲の量10(くもり)

(2) 雲はできる高さと形によって10種類に分けられる。③ 積乱雲・乱層雲 は，雨雲ともよばれ，低い空全体に広がる黒っぽい雲で，弱い雨を長時間降らせる。④ 積乱雲・乱層雲 は，かみなり雲や入道雲ともよばれ，かみなりをともなった大雨を降らせることがある。

天気の変化

雲のようすを表した画像

全国各地の雨量，気温，風向と風速などを自動的に計測し集計するシステム

(3) 気象衛星から送られる ⑤ ＿＿＿＿ や，⑥ ＿＿＿＿ の降水量情報などから，天気の変化のようすがわかる。

(4) 日本付近では，雲はおよそ ⑦ 西から東・東から西 へ動いていき，天気は雲の動きとともに変化していく。

10月4日9時

10月5日9時

10月6日9時

台風と天気の変化

台風の動きと天気の変化

(5) 台風は，⑧［夏から秋・秋から冬］にかけて日本に近づくことが多い。

当てはまるものを○で囲もう

(6) 台風は，日本のはるか⑨［北・南］の⑩［陸上・海上］で発生し，はじめは⑪［東・西］のほうへ動き，やがて⑫［北や東・南や西］のほうへ動く。

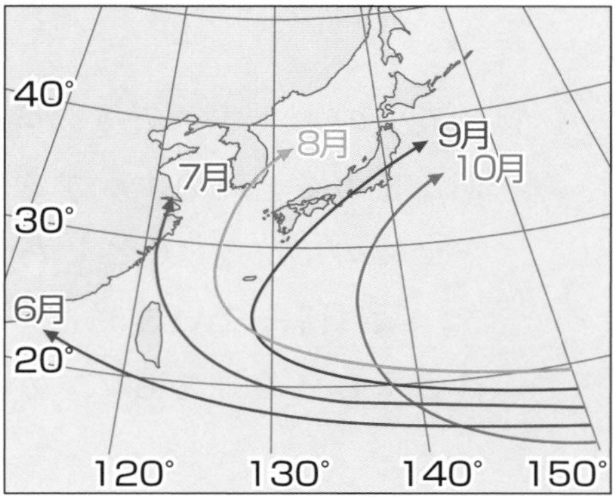

台風の進路

(7) 台風が近づくと，強い風がふいたり，大雨が⑬［短い・長い］時間降ったりする。

(8) 台風では，予想進路図が示される。⑭［　　］は，台風の中心が進むと考えられるはんいを示している。

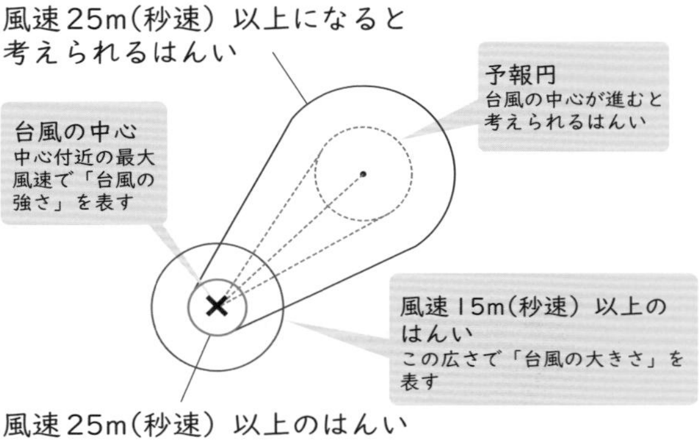

(9) 台風の雲はうずを巻いていて，その中心に向かって強い風がふく。

特に台風が進む方向の⑮［左・右］側の風が強くなる。

台風の中心は台風の⑯［　　］とよばれ，風は弱く，雨もあまり降らない。

台風による災害

(10) 台風による強い風で鉄とうや木がたおれたり，大雨でこう水や土砂（どしゃ）くずれが起こったりする。

問題を解いてみよう！

解答・解説▶別冊P.6

1 雲と天気のようす，天気の変化のしかたについて，次の問いに答えなさい。

(1) ある日の空全体のようすをさつえいすると，右のように，空全体の広さを10としたときの雲の量が4で，このとき，雨は降っていませんでした。このときの天気は，晴れとくもりのどちらですか。 [　　　]

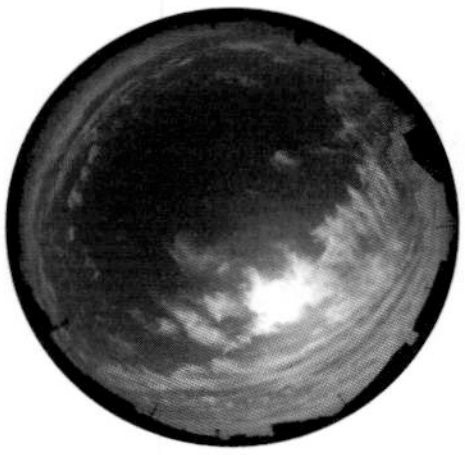

(2) 乱層雲，積乱雲について説明した文として適切なものはどれですか。次の**ア**～**エ**からそれぞれ1つずつ選びなさい。

ア すじ雲ともよばれ，よく晴れた日に高い空に見られる。

イ かみなり雲ともよばれ，かみなりをともなう大雨を降らせることがある。

ウ ひつじ雲ともよばれ，この雲が消えると晴れることが多い。

エ 雨雲ともよばれ，低い空全体に広がって弱い雨を長時間降らせる。

乱層雲 [　　　] 積乱雲 [　　　]

(3) 次の**A**～**C**は，気象衛星から送られた連続した3日間の雲画像を表しています。**A**～**C**を日付けの順に並べなさい。

A

B

C

[　　→　　→　　]

(4) アメダスについて説明した文として適切なものはどれですか。次の**ア**～**エ**から1つ選びなさい。

ア 雲の量を調べるシステムである。

イ 観測所で自動的に計測したデータをまとめるシステムである。

ウ 雨量は調べることができない。

エ 気象衛星からの情報をもとにしている。

[　　　]

2 台風について，次の問いに答えなさい。

(1) 台風はどこで発生しますか。次の**ア**～**エ**から１つ選びなさい。

ア　日本のはるか南の海上

イ　日本のはるか南の陸上

ウ　日本のはるか北の海上

エ　日本のはるか北の陸上

［　　　］

(2) 台風が日本に近づくことが多いのはいつごろですか。次の**ア**～**エ**から１つ選びなさい。

ア　春から夏にかけて

イ　夏から秋にかけて

ウ　秋から冬にかけて

エ　冬から春にかけて

［　　　］

(3) 図は，天気予報で見られる台風の予想進路図を表しています。

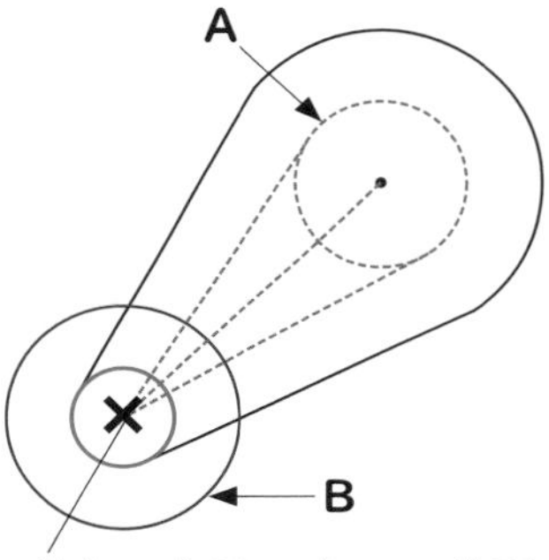

①図の**A**は，台風の中心が動いていくと考えられるはんいを示しています。この円を何といいますか。

［　　　　　　］

②図の**B**の円で囲まれたはんいは何を表していますか。次の**ア**～**ウ**から１つ選びなさい。

ア　風速５m(秒速)以上の風がふいているはんい

イ　風速15m(秒速)以上の風がふいているはんい

ウ　風速25m(秒速)以上の風がふいているはんい

［　　　］

(4) 台風の中心は，風が弱く雨もあまり降りません。この台風の中心を台風の何といいますか。

［台風の　　　］

(5) 台風によって起こるおそれがある災害として，適切でないものを，次の**ア**～**エ**から１つ選びなさい。

強風によって起こるものと大雨によって起こるものがあるね。

ア　木がたおれる。

イ　こう水が起こる。

ウ　土砂(どしゃ)くずれが起こる。

エ　水不足になる。

［　　　］

学習日　　月　　日

17 かげと太陽

要点まとめ

解答▶別冊 P.7

かげと太陽

かげと太陽

(1) かげは，太陽の光をさえぎるものが

当てはまるものを○で囲もう

① ある・ない　とき，太陽と

② 同じ・反対　側にできる。

(2) もののかげは，どれも ③ 同じ・ちがう 向きにできる。

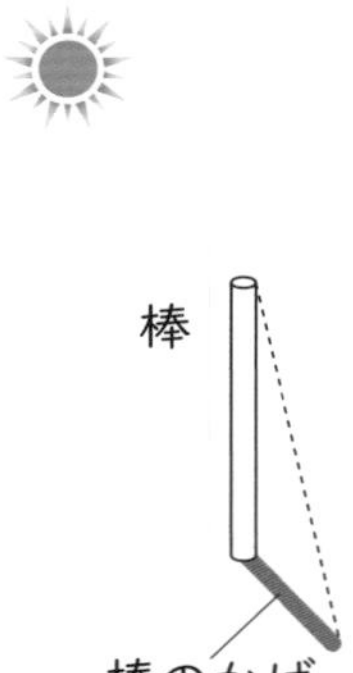

かげと太陽の動き

太陽の動き

(3) 太陽は，時間がたつとともに

④ 東・西　から　⑤ 北・南　の空を

通り，⑥ 東・西　へと動く。

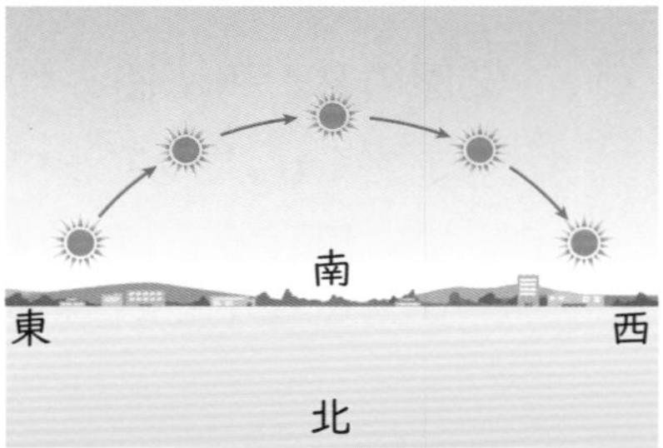

かげのでき方と太陽の位置

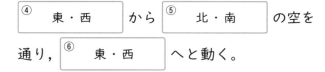

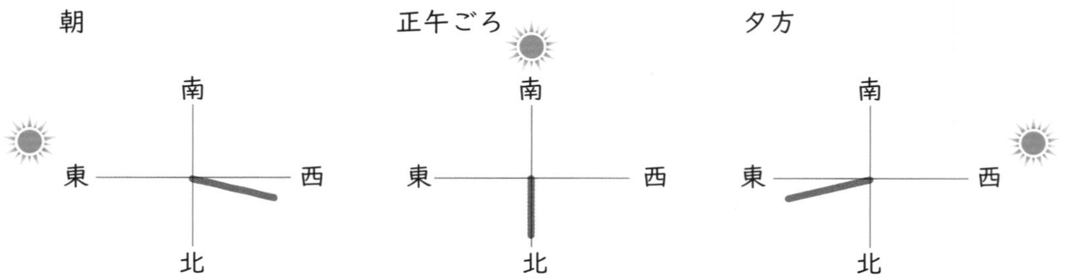

(4) かげの位置は，時間がたつとともに ⑦ 東・西 から ⑧ 北・南 を通り，⑨ 東・西 へと動く。

(5) 時間がたつとかげの向きが変わるのは，⑩ [　　　] の位置が変わるからである。

当てはまるものを○で囲もう

(6) かげの長さは，太陽の高さが高いほど ⑪ [長く・短く] なる。

日なたと日かげの地面の温度

地面の温度のはかり方

(7) 地面の土を少しほって，温度計の液だめを入れてうすく土をかける。日なたでは，直接日光が当たらないように，カバーをかける。

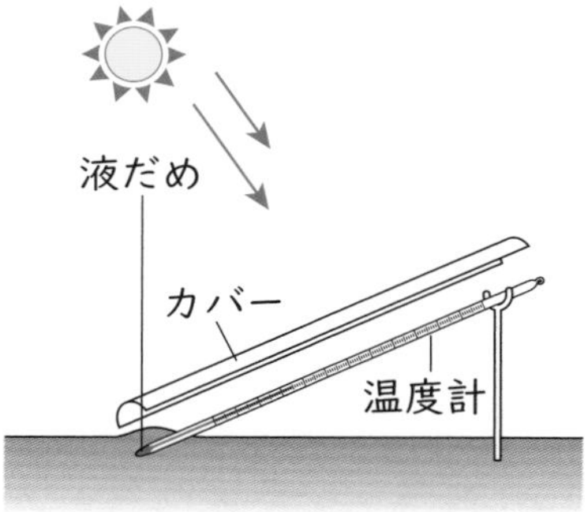

日なたと日かげの地面の温度

(8) 日なたの地面の温度は，日かげの地面の温度より ⑫ [高い・低い] 。

(9) 日なたの地面の温度は，午前より正午のほうが ⑬ [高く・低く] なる。

(10) 場所や時間によって地面の温度がちがうのは，地面が ⑭ [　　　] によってあたためられているからである。

中学ではどうなる？

- 太陽が東から西に動いて見えるのは，地球が1日に1回，西から東へ回転しているからだよ。
- 地球が1日1回，西から東へ回転することを地球の自転（じてん）というよ。
- 地球の自転によって，太陽が東から西へ動いて見える見かけの動きを太陽の日周運動（にっしゅううんどう）というよ。

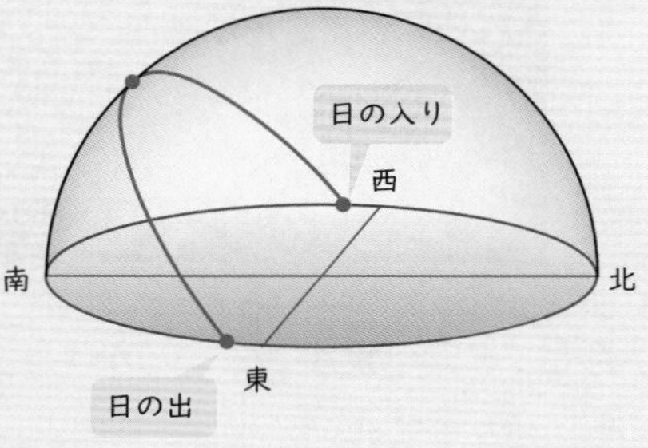

学習日　　月　　日

18 太陽と月

重要!
➡P.56～57の問題も解いてみよう!

要点まとめ

解答▶別冊P.7

太陽と月のようす

太陽のようす

(1) 太陽は球形をしていて，自ら強い ① ＿＿＿ をはなっている。

月のようす

(2) 月は球形をしていて， ② ＿＿＿ の光を反射して光っている。表面は，岩や砂でおおわれていて ③ ＿＿＿ とよばれるくぼみがある。

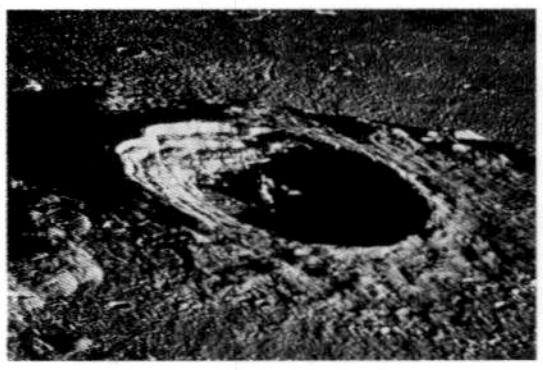

月の動き

月が動くようす

三日月

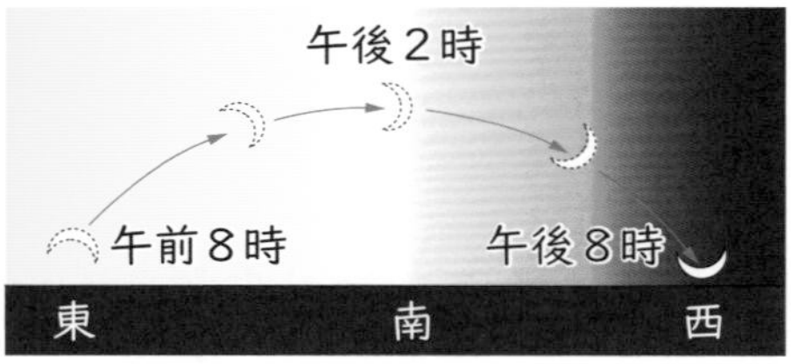

上弦（じょうげん）の月（右半分が光って見える半月）

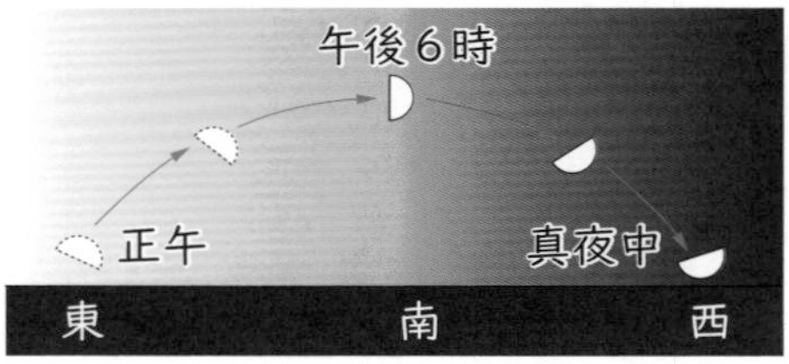

下弦（かげん）の月（左半分が光って見える半月）

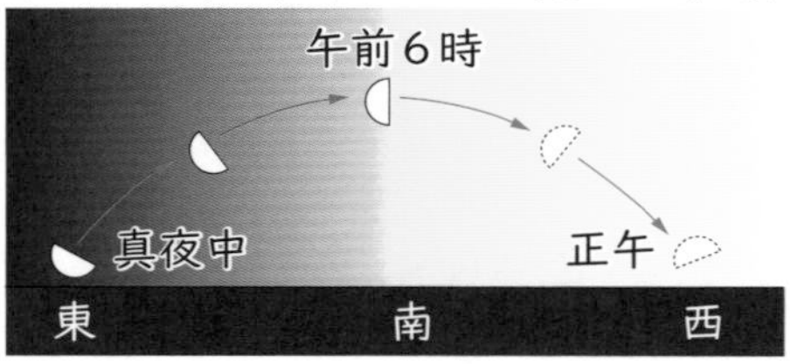

満月

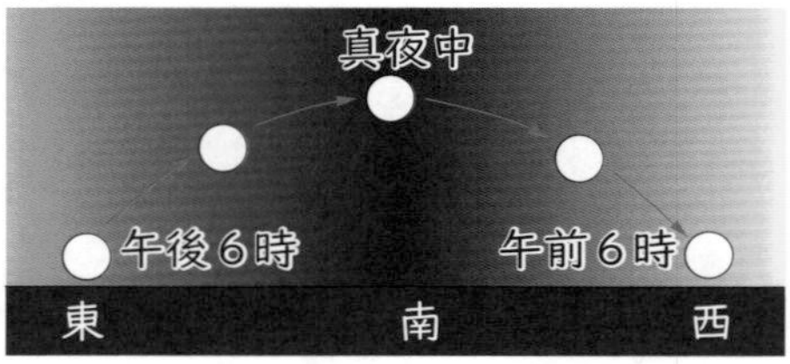

(3) 月は， ④ 東・西 から， ⑤ 北・南 の空の高いところを通って ⑥ 東・西 へ動く。当てはまるものを○で囲もう

(4) 月の形がちがっても動き方は同じである。

月の形の変化

月の形の変化

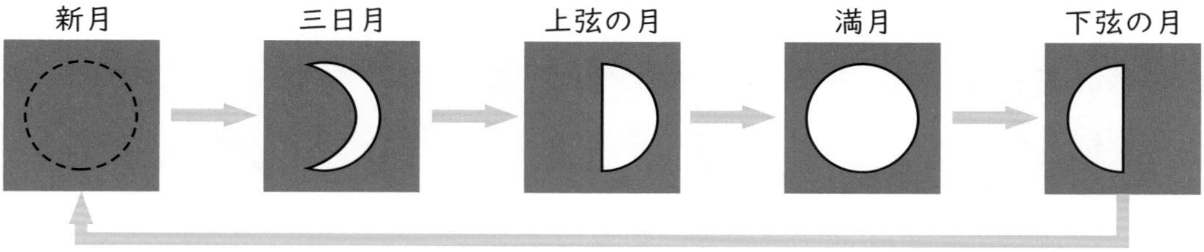

(5) 月の形は，⑦［　　　　］→⑧［　　　　］→上弦の月→⑨［　　　　］→下弦の月のように変化し，⑩［約１週間・約１か月］で⑦にもどる。

当てはまるものを○で囲もう

太陽と月の位置関係と月の形

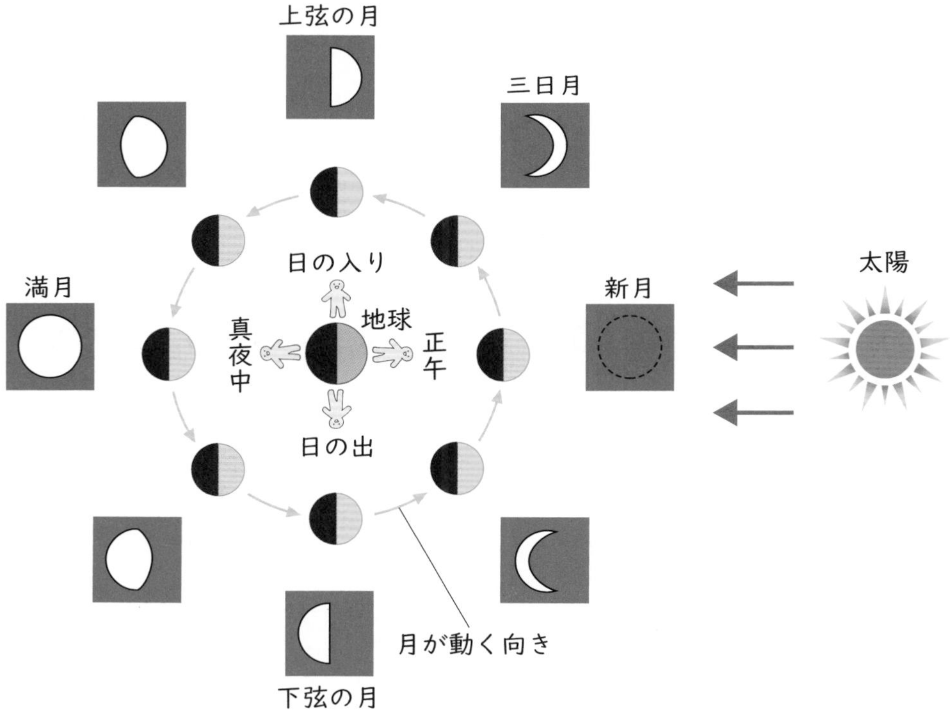

(6) 月の形が日によって変わって見えるのは，月と太陽の位置関係が変わるからである。

(7) 月の⑪［光っている・光っていない］側に太陽がある。

問題を解いてみよう！

解答・解説▶別冊 P.7

1 日本のある場所で，ある時刻に南の空を観察すると，**図 1** のような月が見えました。また，**図 1** の月が見えた日とは別の日の午後６時ごろに，ある方位の空を観察すると**図 2** のような月が見えました。これについて，次の問いに答えなさい。

図 1

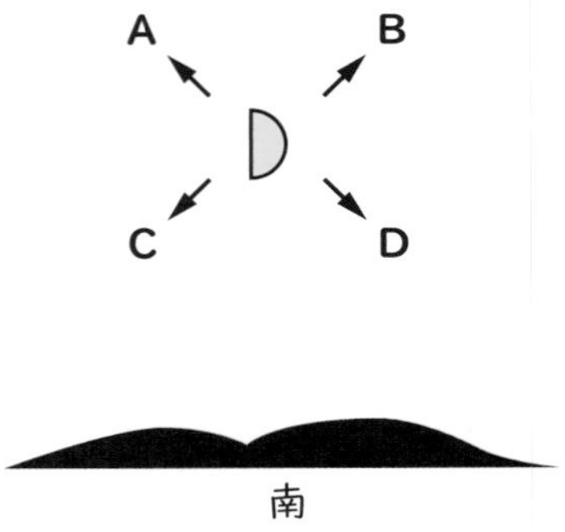

図 2

(1) **図 1** の月が見えたのは何時ごろですか。次の**ア**～**ウ**から１つ選びなさい。

ア　午前０時ごろ　　**イ**　午前６時ごろ　　**ウ**　午後６時ごろ

［　　］

(2) **図 1** の月を１時間後に観察すると，どの方向に動いていますか。**図 1** の **A**～**D** から１つ選びなさい。

月はどの方位にしずむかな？

［　　］

(3) **図 1** の月が地平線にしずむようすを表しているのはどれですか。次の**ア**～**エ**から１つ選びなさい。

ア

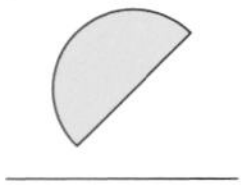

イ

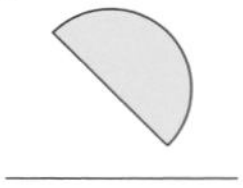

ウ

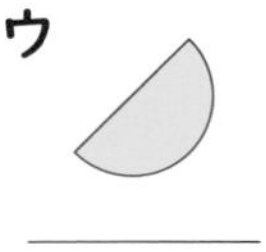

エ

［　　］

(4) **図 2** の月が見えたのはどの方位の空ですか。次の**ア**～**エ**から１つ選びなさい。

ア　東　　**イ**　西　　**ウ**　南　　**エ**　北

［　　］

(5) **図 2** の月が見えたのは，**図 1** の月が見えてからおよそ何日後ですか。次の**ア**～**エ**から１つ選びなさい。

ア　７日後　　**イ**　14 日後　　**ウ**　22 日後　　**エ**　30 日後

［　　］

2 月の見え方の変化について調べるために，次のような実験を行いました。これについて，あとの問いに答えなさい。

〔実験〕 暗くした教室で，図の**A**～**H**のようにボールの位置を変えながら，ボールに電灯の光を当てて，観測者から明るく光って見える部分の形を調べました。

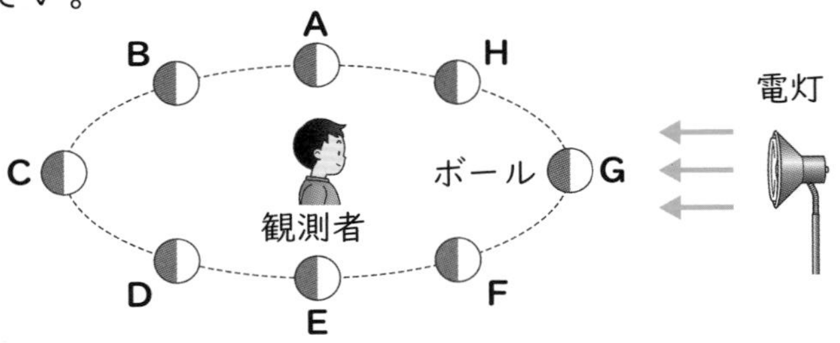

(1)〔実験〕で，ボールと電灯はそれぞれ何に見立てていますか。その組み合わせとして適切なものを，次の**ア**～**エ**から１つ選びなさい。

	ボール	電灯
ア	地球	太陽
イ	太陽	月
ウ	月	太陽
エ	月	地球

［　　］

(2)〔実験〕で，ボールが**E**，**H**の位置にあるとき，観測者から見てボールが明るく光って見える部分はどのようになりましたか。次の**ア**～**オ**からそれぞれ１つずつ選びなさい。

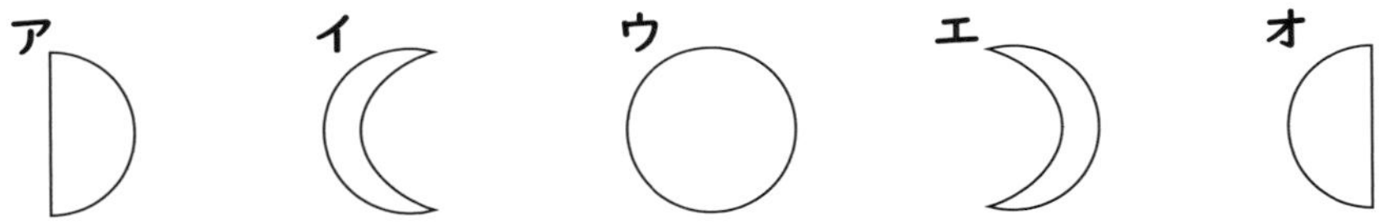

E［　　］ **H**［　　］

(3)〔実験〕で，観測者から見てボールが明るく光る部分が見えないのは，ボールがどの位置にあるときですか。図の**A**～**H**から１つ選びなさい。

［　　］

(4) 月と太陽はどのようにしてかがやいていますか。次の**ア**～**エ**から１つ選びなさい。

ア　月も太陽も自分で光を出している。
イ　月は太陽の光を反射してかがやいていて，太陽は自分で光を出している。
ウ　月は地球の光を反射してかがやいていて，太陽は自分で光を出している。
エ　月も太陽も地球の光を反射してかがやいている。

［　　］

19 星の動き

学習日　　月　　日

重要! ➡P.60〜61の問題も解いてみよう!

要点まとめ

解答▶別冊 P.8

星と星座

星

当てはまるものを○で囲もう

(1) 星の色や明るさにはちがいがある。星は，① 明るい・暗い 星から順に，1等星，2等星，…のように分けられている。

星座

(2) 星をいくつかのまとまりに分け，動物などのいろいろなすがたに見立てて名前をつけたものを ② [　　　] という。

季節の星座

夏の星座

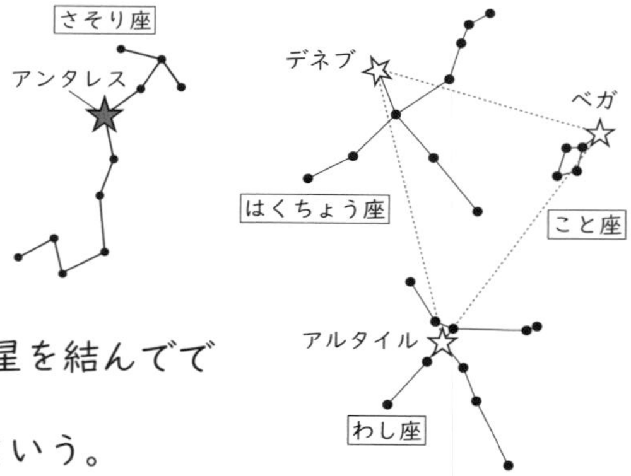

(3) 代表的な星座には，さそり座，はくちょう座，こと座，わし座などがある。はくちょう座の ③ [　　　]，こと座のベガ，わし座のアルタイルの3つの1等星を結んでできる三角形を ④ [　　　] という。

冬の星座

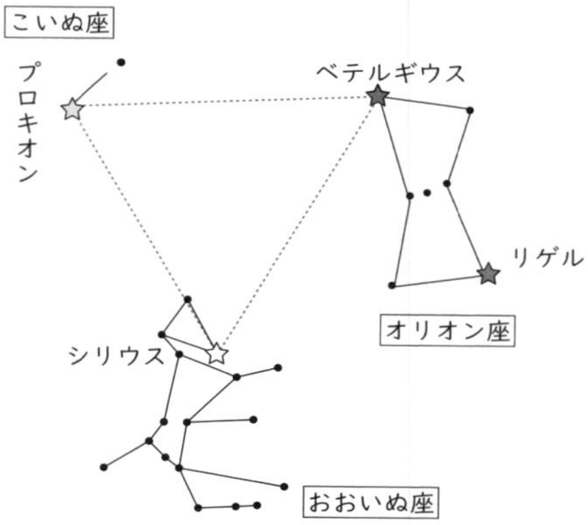

(4) 代表的な星座には，こいぬ座，オリオン座，おおいぬ座がある。こいぬ座のプロキオン，オリオン座の ⑤ [　　　]，おおいぬ座のシリウスの3つの1等星を結んでできる三角形を ⑥ [　　　] という。

星の動き

各方位の空の星の動き

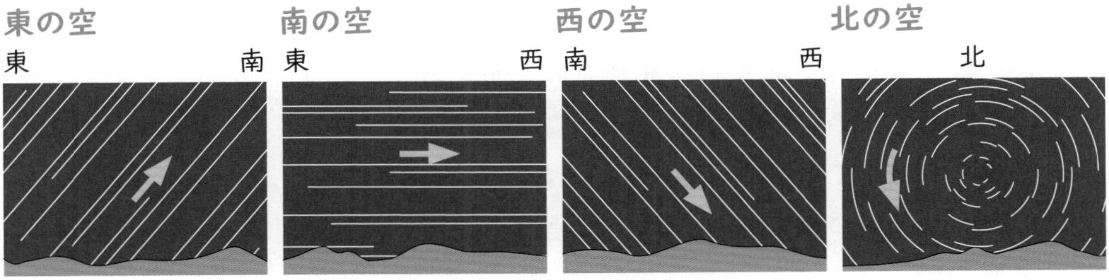

当てはまるものを○で囲もう

(5) 東の空の星は ⑦ 北・南 のほうへのぼり，南の空の星は ⑧ 東・西 のほうへ，動いて見える。

ほぼ真北にあって，位置がほとんど変わらない星

(6) 北の空の星は，⑨ [　　] を中心に，時計の針と ⑩ 同じ・反対 向きに回っているように見える。

星座の動き方

(7) 星座は時間がたつと見える位置は ⑪ 変わる・変わらない が，星の並び方は ⑫ 変わる・変わらない 。

北極星の見つけ方

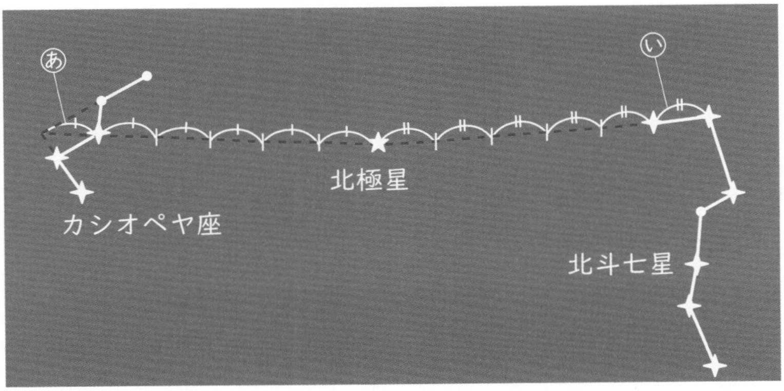

(8) カシオペヤ座のⓐの部分や，北斗七星（ほくとしちせい）のⓘの部分を ⑬ [　　] 倍のばしたところに北極星がある。

問題を解いてみよう！

解答・解説▶別冊P.8

1 日本のある場所で，ある日の午後8時に南の空を観察すると，図のような星座を見ることができました。図中に★で示した**A**～**C**の星はすべて1等星です。これについて，次の問いに答えなさい。

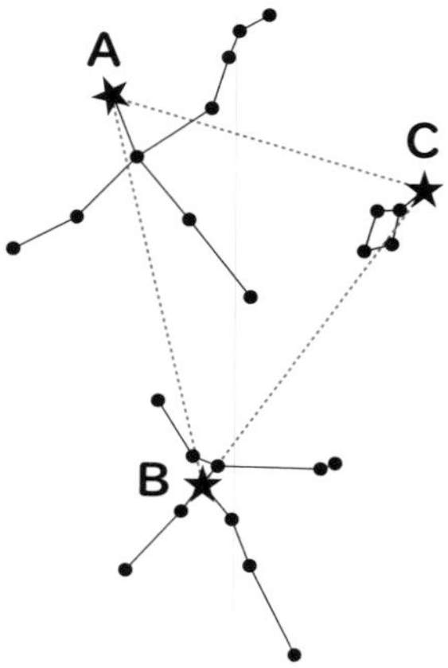

(1) 星座をつくる星は，1等星，2等星，…などに分けられています。この分け方について説明した文として適切なものを，次の**ア**～**エ**から1つ選びなさい。

ア　星の大きさによって分けられていて，星の中で1等星が最も大きい。
イ　星の大きさによって分けられていて，星の中で1等星が最も小さい。
ウ　星の明るさによって分けられていて，星の中で1等星が最も明るい。
エ　星の明るさによって分けられていて，星の中で1等星が最も暗い。

［　　］

(2) 図の**A**～**C**の3つの星を結んでできる三角形を何といいますか。

［　　］

(3) 図の**A**，**B**の星をそれぞれ何といいますか。次の**ア**～**オ**からそれぞれ1つずつ選びなさい。

ア　デネブ　　**イ**　ベガ　　**ウ**　リゲル
エ　アンタレス　　**オ**　アルタイル

A［　　］ **B**［　　］

(4) 図の**A**～**C**の星はすべて同じ色をしています。その色として適切なものを，次の**ア**～**エ**から1つ選びなさい。

ア　赤　　**イ**　黄　　**ウ**　白　　**エ**　青白

［　　］

(5) 図の**C**の星をふくむ星座を何といいますか。次の**ア**～**エ**から1つ選びなさい。

ア　はくちょう座　　**イ**　おおいぬ座
ウ　さそり座　　**エ**　こと座

［　　］

2 次の図は，東・西・南のいずれかの空における星の動き方を表しています。これについて，あとの問いに答えなさい。

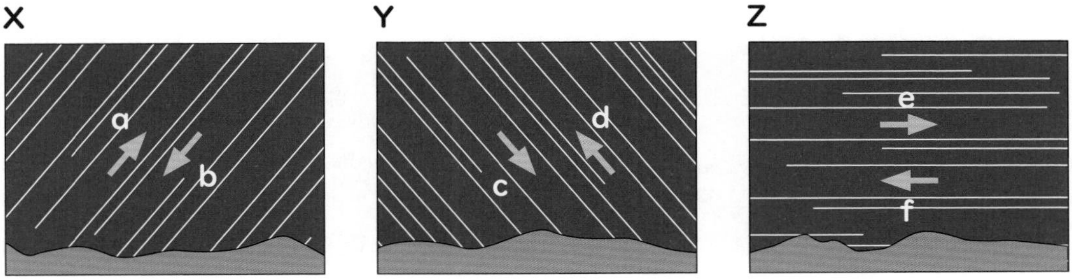

(1) 図の**X**～**Z**のうち，東の空，南の空のようすを表しているのはどれですか。それぞれ１つずつ選びなさい。

東の空［　　］　南の空［　　］

(2) 図の**X**～**Z**の中の ➡ で，星が動く方向として適切なものはどれですか。**a**～**f**からそれぞれ１つずつ選びなさい。

X［　　］　**Y**［　　］　**Z**［　　］

3 日本のある場所で，午後８時にある方位の空を観察すると，図のような**A**の星と星座**B**が見えました。１時間後，同じ場所で観察すると，**A**の星はほぼ同じ位置に見えましたが，星座**B**は動いていました。これについて，次の問いに答えなさい。

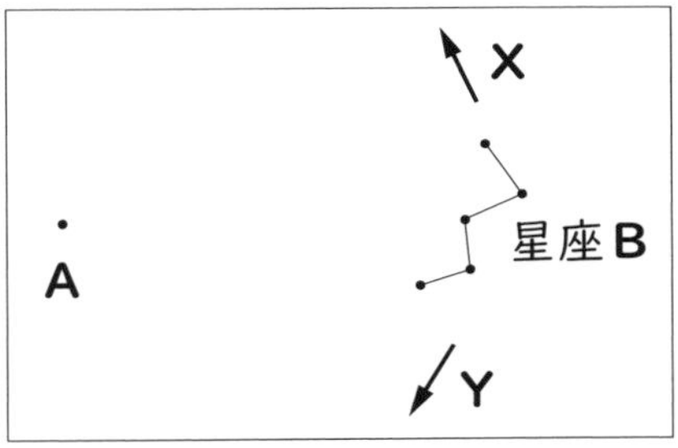

(1) **A**の星と星座**B**が観察された方位はどちらですか。次の**ア**～**エ**から１つ選びなさい。

ア 東　**イ** 西　**ウ** 南　**エ** 北　［　　］

(2) **A**の星，星座**B**をそれぞれ何といいますか。

Aの星［　　］　星座**B**［　　］

(3) １時間後に観察したとき，星座**B**は，**X**，**Y**のどちらの方向に動いて見えましたか。［　　］

学習日　　月　　日

20 流れる水のはたらき

重要!
➡P.64～65の問題も解いてみよう!

要点まとめ

解答▶別冊 P.8

地面を流れる水

流れる水のゆくえ

当てはまるものを○で囲もう

(1) 地面を流れる水は，［① 高い・低い］ところから［② 高い・低い］ところへと流れ，低いところに集まってたまる。

土のつぶの大きさと水のしみこみ方

(2) 水のしみこみ方は，土や砂のつぶの大きさによってちがい，つぶが［③ 大きい・小さい］ほど水がしみこみやすい。

(3) 図のように，同じ体積の校庭の土と砂場の砂を容器に入れ，同量の水を入れると，つぶが大きい［④ 校庭の土・砂場の砂］のほうが，水がすべてしみこむのにかかる時間が［⑤ 短い・長い］。

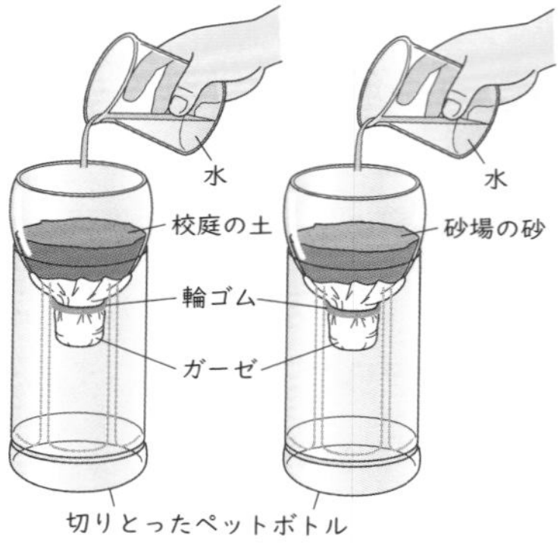

流れる水のはたらき

流れる水のはたらき

(4) ［⑥　　　］…流れる水が地面をけずるはたらき。

［⑦　　　］…流れる水が土や石を運ぶはたらき。

［⑧　　　］…流れる水が土や石を積もらせるはたらき。

(5) 流れる水の量が多くなると，⑥や⑦のはたらきが［⑨ 大きく・小さく］なる。

まっすぐ流れているところ

当てはまるものを○で囲もう

(6) かたむきが急なところでは，流れが ⑩ 速く・おそく ，底がけずられる。

(7) かたむきがゆるやかなところでは，流れが ⑪ 速く・おそく ，土が積もる。

曲がって流れているところ

(8) 曲がったところの外側は，流れが

⑫ 速く・おそく ，⑬ 浅く・深く

なっている。

(9) 曲がったところの内側は，流れが

⑭ 速く・おそく ，⑮ 浅く・深く

なっている。また，

⑯ 角ばった・丸みのある 石や砂が積もっている。

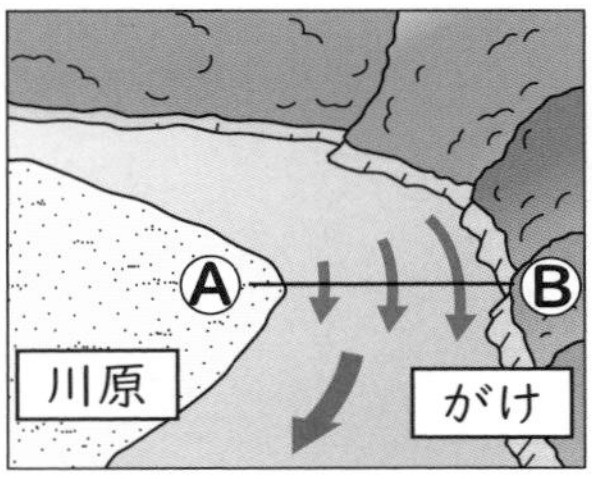

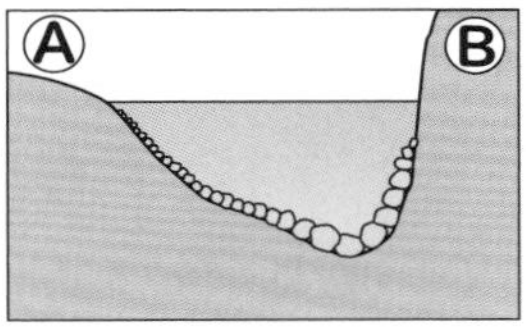

川と川原の石のようす

川のようす

	山の中	平地へ出たところ	平地
流れの速さ	⑰ 速い・おそい	←→	⑱ 速い・おそい
流れる水のはたらき	⑲ ，運ぱんのはたらきが大きい。		⑳ のはたらきが大きい。
川はば	せまい	←→	広い
川底の深さ	深い	←→	浅い
石のようす	㉑ 大きく・小さく 角ばっている。	←→	㉒ 大きく・小さく 丸みがある。

学習日　　月　　日

問題を解いてみよう!

解答・解説▶別冊 P.9

1 砂や土の水のしみこみ方について調べるために，次のような実験を行いました。これについて，あとの問いに答えなさい。

〔実験〕 ❶ 砂場の砂と校庭の土を採取し，虫めがねで観察し，つぶの大きさのちがいを調べました。

❷ ペットボトルを切りとって図のような装置をつくり，同じ体積の砂場の砂と校庭の土を入れ，同量の水をそれぞれ同時に注いで，水がすべてしみこむのにかかる時間を調べました。

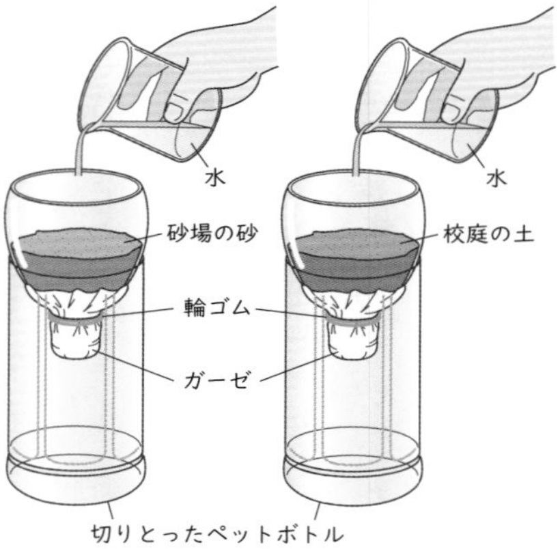

(1)〔実験〕の❶で，砂場の砂と校庭の土のつぶの大きさについて，どのようなことがわかりましたか。次の**ア**～**ウ**から1つ選びなさい。

ア 砂場の砂のほうが，校庭の土よりつぶが大きい。

イ 校庭の土のほうが，砂場の砂よりつぶが大きい。

ウ 砂場の砂と校庭の土のつぶの大きさはほぼ同じであった。

［　　］

(2)〔実験〕の❷で，砂場の砂と校庭の土で，水がすべてしみこむまでにかかる時間はどのようになりましたか。次の**ア**～**ウ**から1つ選びなさい。

ア 砂場の砂のほうが，校庭の土より時間がかかった。

イ 校庭の土のほうが，砂場の砂より時間がかかった。

ウ 砂場の砂と校庭の土で，時間はほぼ同じであった。

［　　］

(3)〔実験〕の結果からどのようなことがわかりますか。次の**ア**～**ウ**から1つ選びなさい。

ア 砂や土のつぶが大きいほうが水がしみこみやすい。

イ 砂や土のつぶが小さいほうが水がしみこみやすい。

ウ 砂や土のつぶの大きさと水のしみこみ方は関係しない。

［　　］

2 **図1**は，川が海に流れこむようすを表していて，**A**は山の中，**B**は平地へ出たところ，**C**は海の近くの平地を示しています。これについて，次の問いに答えなさい。

図1

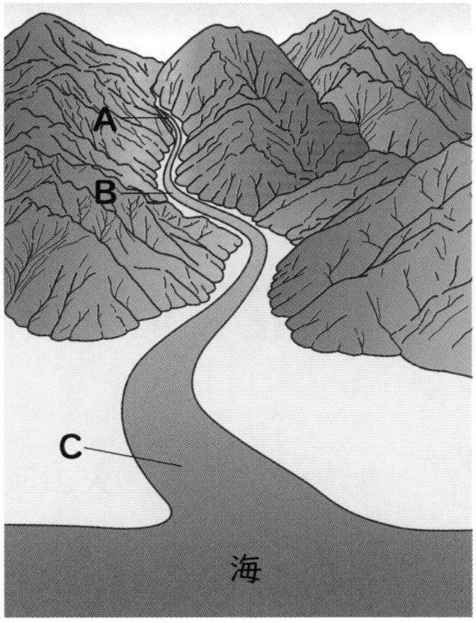

(1) **図1**の川の**A**～**C**の部分を流れる水の速さについて説明した文として適切なものを，次の**ア**～**エ**から1つ選びなさい。

ア　**A**が最も速い。
イ　**B**が最も速い。
ウ　**C**が最も速い。
エ　**A**，**B**，**C**の速さはほぼ同じである。

[　　　]

(2) 流れる水が地面をけずるはたらきを何といいますか。　[　　　]

(3) (2)のはたらきが最も大きいのは川のどの部分ですか。**図1**の**A**～**C**から1つ選びなさい。　[　　　]

(4) **図1**の**C**の部分の川原の石は，**A**の部分と比べてどのようになっていますか。次の**ア**～**エ**から1つ選びなさい。

ア　大きくて角ばっている。　**イ**　大きくて丸みがある。
ウ　小さくて角ばっている。　**エ**　小さくて丸みがある。　[　　　]

(5) **図2**は，**図1**の**B**の部分で川が曲がって流れているようすを表しています。

図2

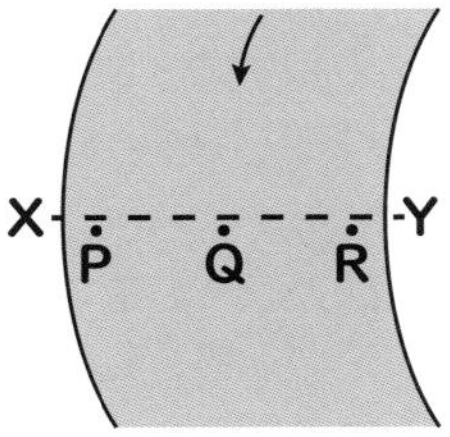

①**図2**の**P**～**R**のうち，流れる水の速さが最も速いのはどこですか。1つ選びなさい。　[　　　]

②**図2**の**X**－**Y**で切った川底の断面はどのようになっていますか。次の**ア**～**ウ**から1つ選びなさい。

ア

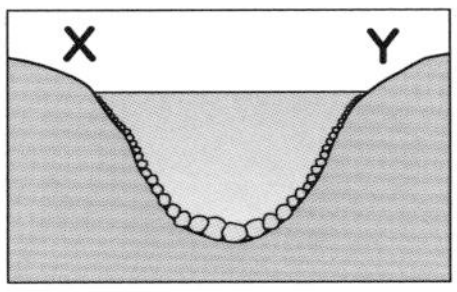

イ

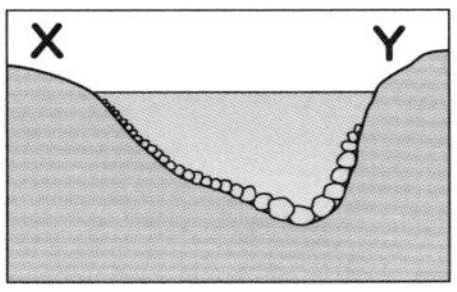

ウ

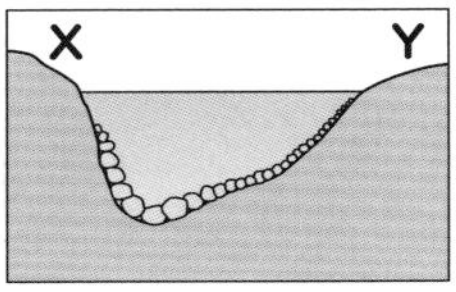

[　　　]

学習日　月　日

21 大地のつくりと変化

要点まとめ

解答▶別冊 P.9

地層のでき方

地層

(1) れき，砂，どろ，火山灰などが層になって積み重なったものを ① ＿＿＿ という。

(2) 地層にふくまれていることがある，そこにすんでいた生物のからだや生活のあとが残ったものを ② ＿＿＿ という。

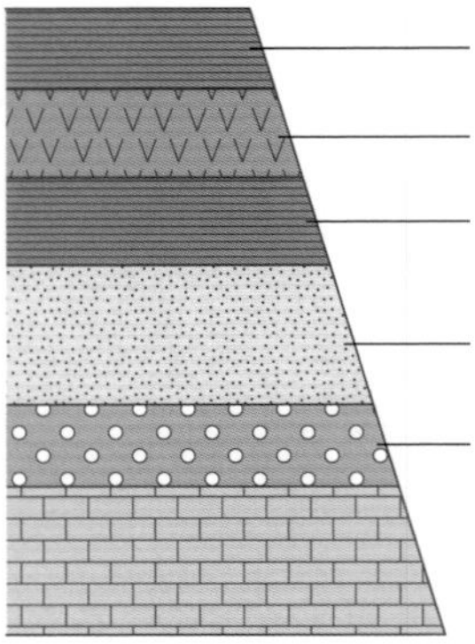

流れる水のはたらきでできる地層

(3) れき，砂，どろは流れる水のはたらきで運ばれて，水底にたい積してできる。

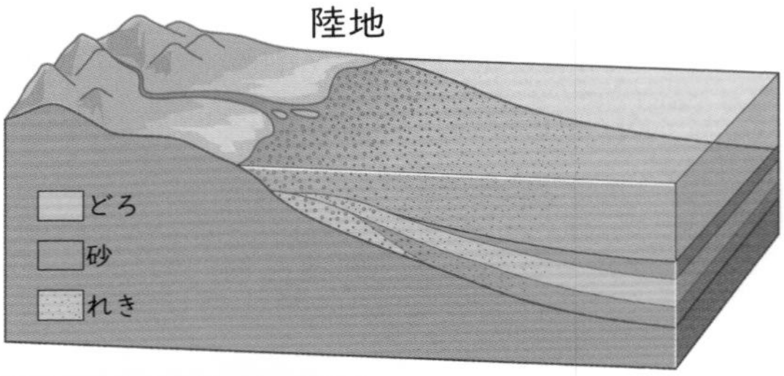

(4) れき，砂，どろは，つぶの大きさがちがい，つぶが大きいほうから順に，③ ＿＿＿，④ ＿＿＿，⑤ ＿＿＿ である。

れき・砂・どろのいずれか

(5) れき，砂，どろが水で運ばれると，つぶが ⑥ 大きい・小さい ものから速くしずむ。

当てはまるものを○で囲もう

(6) れきのつぶは，流れる水のはたらきで角がとれて丸みを帯びている。

(7) たい積したれき，砂，どろは，長い年月の間に固まると，れき岩，砂岩，⑦ ＿＿＿ になる。

火山のはたらきでできる地層

(8) 火山のふん火でふき出した**火山灰**などがたい積してできる地層もある。

(9) 火山灰のつぶは，⑧ 角ばっている・丸みを帯びている 。

当てはまるものを○で囲もう

火山のふん火や地震による大地の変化

火山のふん火と大地の変化

(10) 火山がふん火すると，火山灰や**溶岩**がふき出される。

(11) 火山のふん火によって，山や島ができたり，湖やくぼ地ができたりするなど，大地が変化することがある。

地震と大地の変化

(12) 地下で大地に力がはたらくと，大地にずれができることがあり，この大地のずれを ⑨ ＿＿＿＿ という。断層ができることで地震が起こる。

(13) 地震が起こると，地割れが生じたり，山くずれが起きたりして，大地が変化することがある。

中学ではどうなる？

- 地層から発見される化石の中には，**示準化石**と**示相化石**とよばれるものがあるよ。
- 示準化石は，その化石をふくむ層がたい積した年代を知る手がかりとなる化石で，アンモナイトやサンヨウチュウ，きょうりゅう，ナウマンゾウの化石などがあるよ。
- 示相化石は，その化石をふくむ層がたい積した当時の環境を知る手がかりとなる化石で，サンゴやアサリ，ブナの葉の化石などがあるよ。
- れき岩，砂岩，でい岩のように，たい積したものが長い年月の間に固まってできた岩石を**たい積岩**というよ。火山灰などがたい積してできたたい積岩は**凝灰岩**というよ。

22 器具の使い方(3)

学習日　　月　　日

重要!
➡P.70〜71の問題も解いてみよう!

要点まとめ

解答▶別冊P.10

メスシリンダーの使い方

50mLの体積の液をはかりとるとき

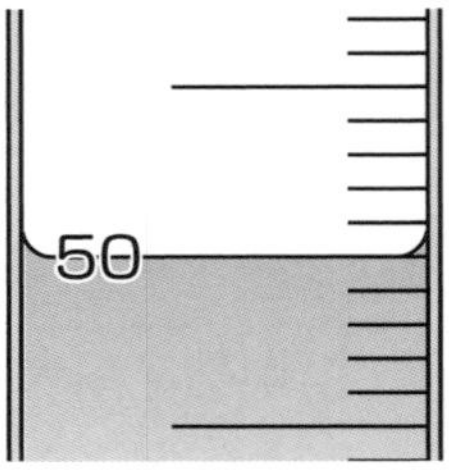

(1) 手順1 メスシリンダーを水平なところに置く。

手順2「50」の目盛りの少し下のところまで液を入れる。

当てはまるものを○で囲もう

手順3 液面を ① ななめ上 ・ 真横 ・ ななめ下 から見ながら，スポイトで液を少しずつ入れ，液面の ② 最も高い部分 ・ へこんだ部分 を「50」の目盛りに合わせる。

ガスバーナーの使い方

火をつけるとき

はじめに2つのねじが閉じていることを確認しておく。

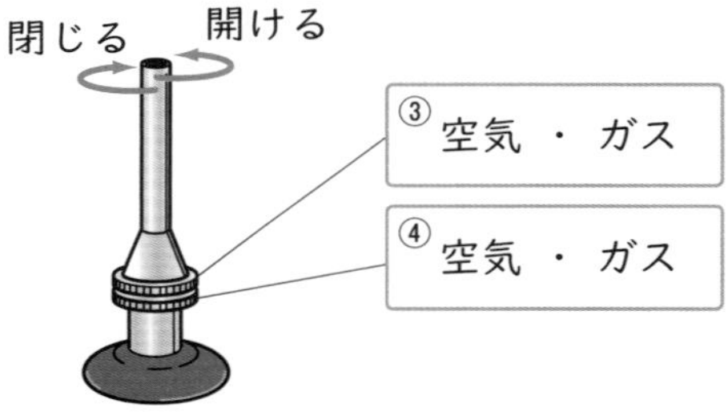

(2) 手順1 元せん→コックの順に開ける。

手順2 マッチに火をつけてから，⑤ 空気 ・ ガス 調節ねじを開け，横から火をつける。

手順3 ガス調節ねじを回してほのおの大きさを調節する。

手順4 ガス調節ねじをおさえながら ⑥ 空気 ・ ガス 調節ねじを開けて，⑦ オレンジ色 ・ 青色 のほのおに調節する。

火を消すとき

(3) ⑧ 空気 ・ ガス 調節ねじ→ ⑨ 空気 ・ ガス 調節ねじ→コック→元せんの順に閉じる。

上皿てんびんの使い方

当てはまるものを
〇で囲もう

(4) 水平な台の上に置いて，針のふれ方が左右 ⑩ 同じ ・ ちがう はばでふれるように，調整ねじで調節してから使う。

つり合っている。

(5) 分銅は ⑪ [　　　　] でもつ。

ものの重さをはかるとき（右ききの人の場合）

(6) 手順１ 重さをはかるものを ⑫ 左 ・ 右 の皿にのせ，分銅を ⑬ 左 ・ 右 の皿にのせる。

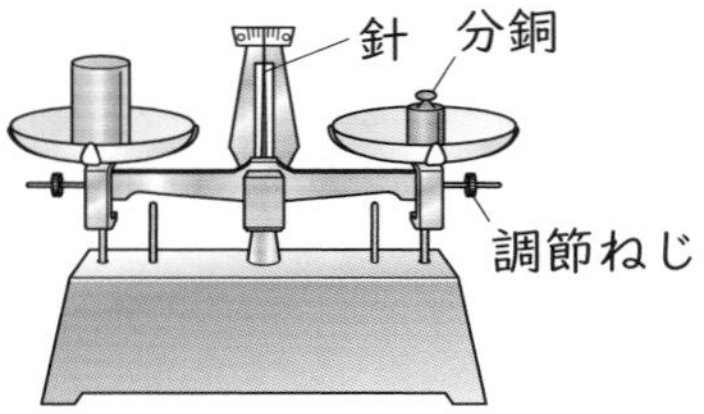

手順２ 分銅が重すぎたときは，次に軽いものにかえていき，つり合わせる。

ものを決めた重さにはかりとるとき（右ききの人の場合）

(7) 手順１ ⑭ 左右 ・ 一方 の皿に薬包紙をのせる。

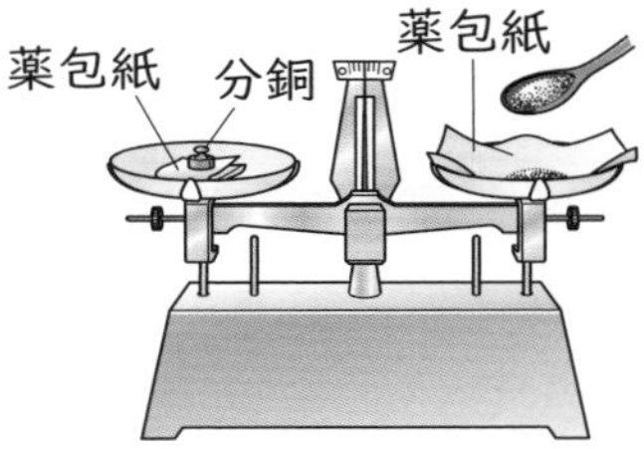

手順２ 決めた重さの分銅を ⑮ 左 ・ 右 の皿にのせ，はかりとるものを ⑯ 左 ・ 右 の皿に少しずつのせていき，つり合わせる。

気体検知管の使い方

気体検知管

(8) 手順１ ⑰ [　　　　] の両はしをチップホルダで折り，ゴムのカバーをつけて，気体検知管を ⑱ [　　　　] にとりつける。

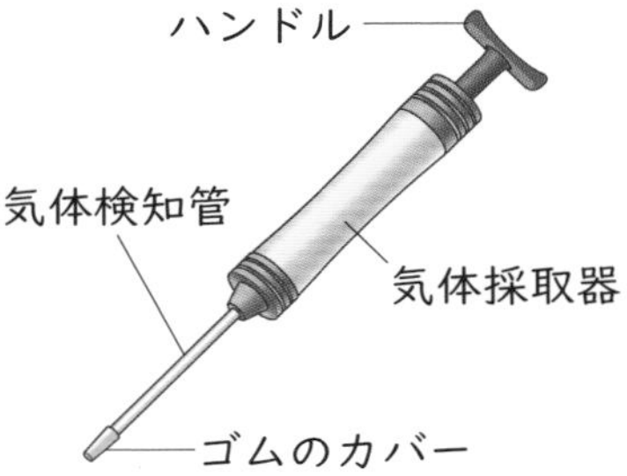

手順２ 気体検知管を調べたい空気の中にさしこみ，ハンドルを引く。

手順３ 決められた時間がたったら，気体検知管の色が変わったところの目盛りを読みとる。

学習日　　月　　日

問題を解いてみよう！

解答・解説▶別冊 P.10

1 図の器具を用いて，水を50mLはかりとりました。これについて，次の問いに答えなさい。

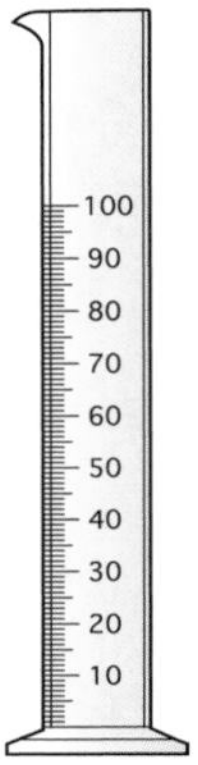

(1) 図の器具を何といいますか。

[　　　　　　]

(2) 水を50mLはかりとったときの水面のようすはどうなっていますか。次の**ア**～**エ**から1つ選びなさい。

ア　イ　ウ　エ

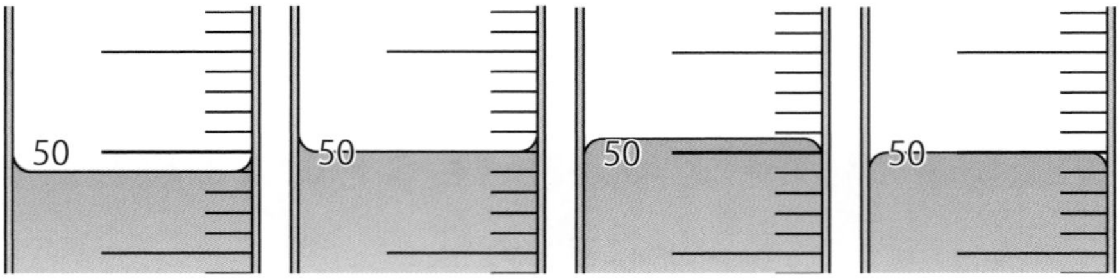

[　　]

2 **図1**のようなてんびんを使って，右ききの人がものの重さをはかりました。これについて，次の問いに答えなさい。

図1

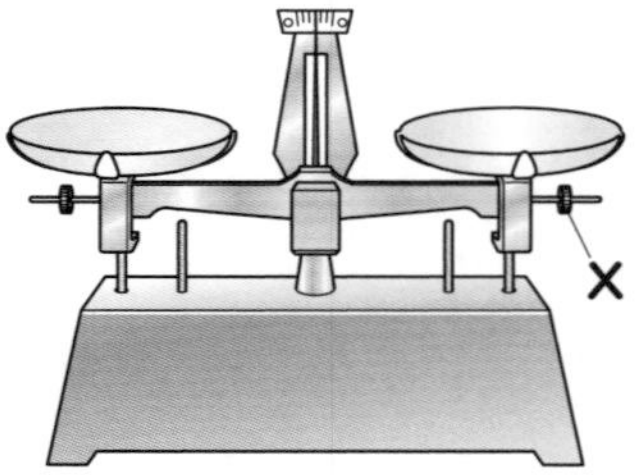

(1) **図1**のようなてんびんを何てんびんといいますか。

[　　　　　　てんびん]

(2) **図1**の**X**の部分を何といいますか。

[　　　　　　]

(3) 分銅は右の皿，左の皿のどちらにのせますか。

[　　　　　　の皿]

(4) 皿にのせた分銅は**図2**のようになりました。ものの重さは何gですか。

[　　　　　　g]

図2

3 図のようなガスバーナーの使い方について，次の問いに答えなさい。

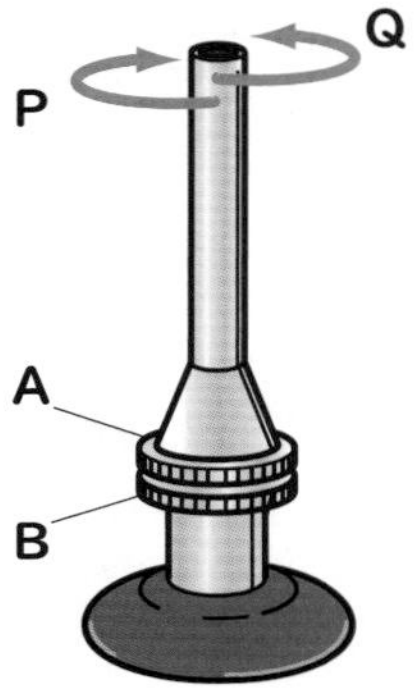

(1) **A**，**B**のねじをそれぞれ何といいますか。

A［　　　　　　　　］

B［　　　　　　　　］

(2) **A**，**B**のねじは，**P**，**Q**のどちらの向きに回すと開きますか。［　　　］

(3) 火をつけるとき，**A**，**B**のねじはどのような順に開けますか。次の**ア**～**ウ**から１つ選びなさい。

火がつくにはガスが必要だよね？

ア　**A**のねじを開けてから，**B**のねじを開ける。
イ　**B**のねじを開けてから，**A**のねじを開ける。
ウ　**A**と**B**のねじを同時に開ける。

［　　　］

(4) 火をつけたとき，空気が不足しているとほのおはどのような色をしていますか。次の**ア**～**エ**から１つ選びなさい。

ア　オレンジ色　　**イ**　青色　　**ウ**　緑色　　**エ**　茶色

［　　　］

(5) 火を消すとき，次の**ア**～**エ**はどの順で閉じますか。閉じる順に並べなさい。

ア　元せん　　**イ**　コック　　**ウ**　**A**のねじ　　**エ**　**B**のねじ

［　　→　　→　　→　　］

4 **図１**の**X**を用いて空気にふくまれる酸素や二酸化炭素の割合を調べました。**図２**は，酸素の割合を調べたときの**X**のようすを表したものです。これについて，次の問いに答えなさい。

図１

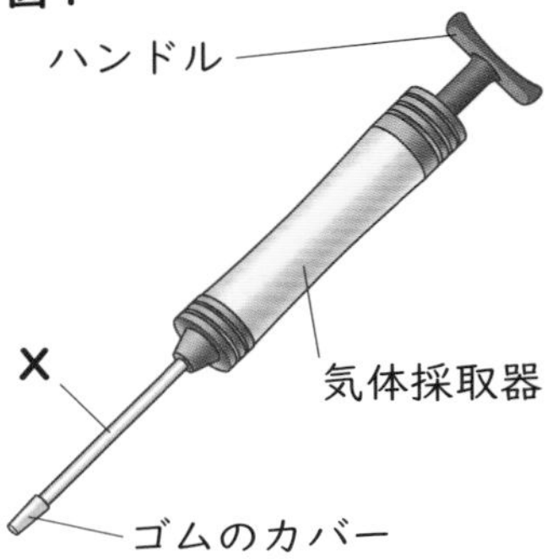

図２

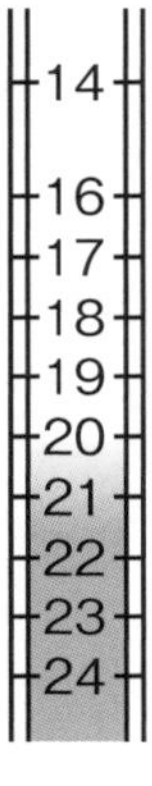

(1) **図１**の**X**を何といいますか。

［　　　　　　　　］

(2) 測定した空気中の酸素の割合は約何％ですか。

［　　　　％］

学習日 月 日

23 閉じこめた空気と水

要点まとめ

解答▶別冊 P.10

閉じこめた空気の性質

閉じこめた空気に力を加える実験

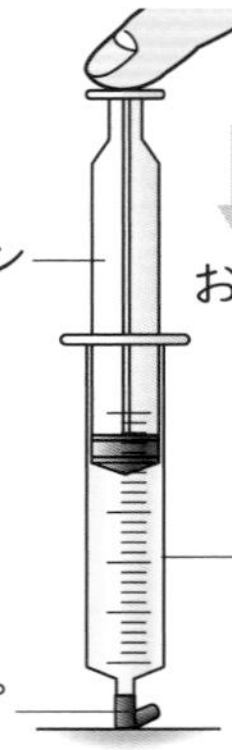

当てはまるものを○で囲もう

(1) ピストンをおすと，ピストンの位置は ① 下がる ・ 変わらない 。

→閉じこめた空気は，おしちぢめることが ② できる ・ できない 。

(2) ピストンの位置が下がるほど，空気におし返される手ごたえは

③ 大きく ・ 小さく なる。

(3) 手をはなすと，ピストンの位置は ④ 上がる ・ 変わらない 。

閉じこめた空気の性質

(4) 閉じこめた空気に力を加えると，体積は

⑤ 小さくなる ・ 変わらない 。

(5) 閉じこめた空気の体積が小さくなると，空気はもとの体積にもどろうとする。

(6) 閉じこめた空気の体積が小さくなるほど，空気におし返される力の大きさは

⑥ 大きく ・ 小さく なる。

(7) 閉じこめた空気にどれだけ力を加えても，体積が０になることはない。

閉じこめた水の性質

閉じこめた水に力を加える実験

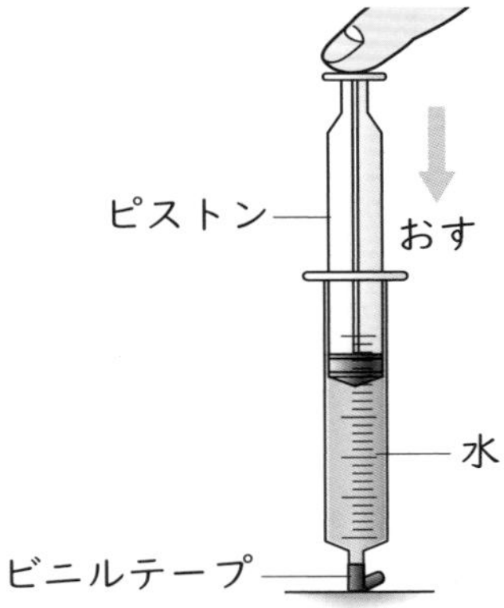

当てはまるものを○で囲もう

(8) ピストンをおすと，ピストンの位置は ⑦ 下がる ・ 変わらない 。

→閉じこめた水は，おしちぢめることが ⑧ できる ・ できない 。

閉じこめた水の性質

(9) 閉じこめた水に力を加えると，体積は

⑨ 小さくなる ・ 変わらない 。

問題を解いてみよう！

解答・解説▶別冊P.11

図のように，注射器に5の目盛りの位置まで水を入れ，ピストンの目盛りの位置が10になるように空気を入れました。ピストンをおすと，水面の目盛りの位置と，ピストンの目盛りの位置はどうなりますか。次の文の①・②に当てはまるものを，**ア**・**イ**，**ウ**・**エ**からそれぞれ1つずつ選びなさい。

水面の目盛りの位置は①(**ア** 5より下がり **イ** 5のまま動かず)，ピストンの目盛りの位置は②(**ウ** 10より下がる **エ** 10のまま動かない)。

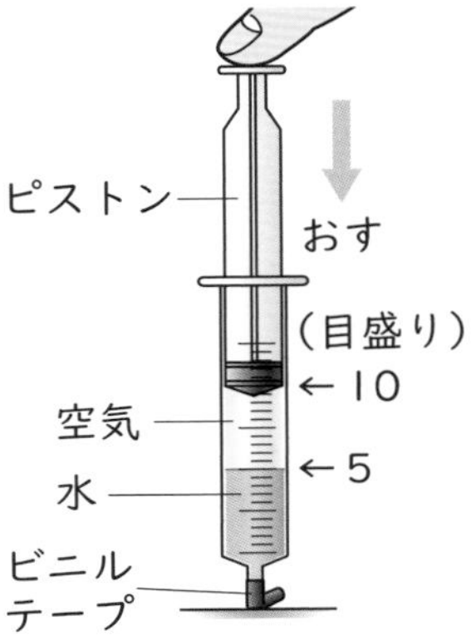

①[ ] ②[ ]

学習日　　月　　日

24 もののあたたまり方

要点まとめ

解答▶別冊P.11

空気のあたたまり方

空気のあたたまり方を調べる実験

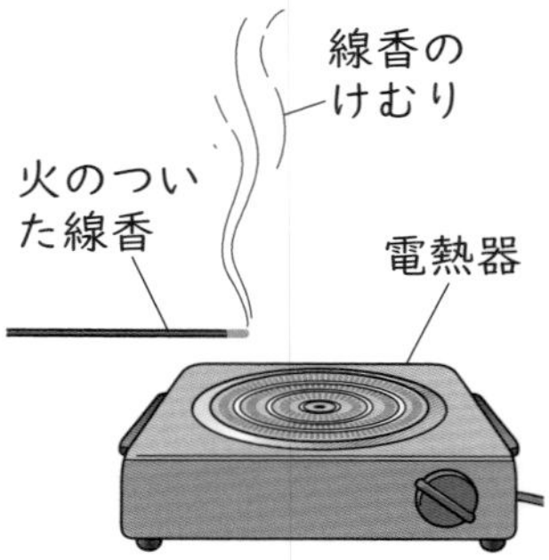

(1) 電熱器に，線香（せんこう）のけむりを近づけると，線香のけむりは ①［上・下］に動く。

当てはまるものを○で囲もう

(2) 暖ぼうしている部屋の上のほうと下のほうの空気の温度をはかると，②［上・下］のほうが温度が高い。

空気のあたたまり方

(3) 空気は，③［あたためられた部分が動いて・熱した部分から順に熱が伝わって］全体があたたまる。

水のあたたまり方

水のあたたまり方を調べる実験

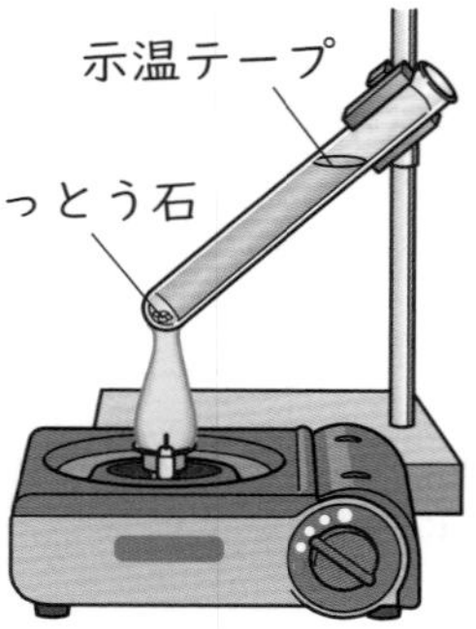

実験用ガスコンロ

(4) 水を入れた試験管の底を熱すると，示温（しおん）テープの色は，④［上・下］のほうが先に色が変わり，やがて全体の色が変わる。

(5) 水を入れた試験管の水面近くを熱すると，示温テープの色は，⑤［上・下］のほうはすぐに色が変わり，⑥［上・下］のほうはなかなか色が変わらない。

★水のあたたまり方

(6) 水は，［⑦ あたためられた部分が動いて ・ 熱した部分から順に熱が伝わって］

全体があたたまる。　当てはまるものを○で囲もう

金属のあたたまり方

★金属のあたたまり方を調べる実験

図１

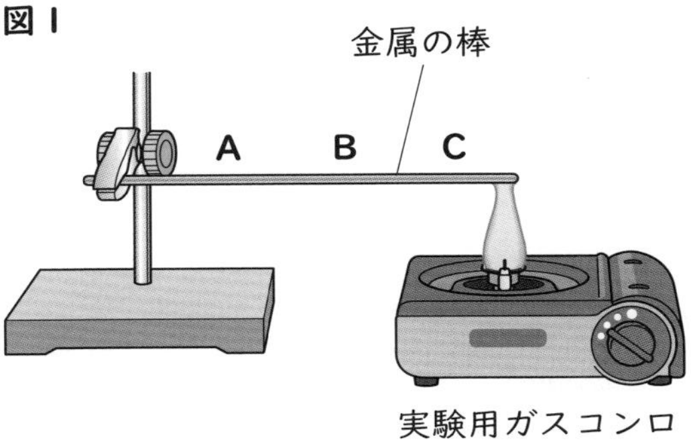

図２

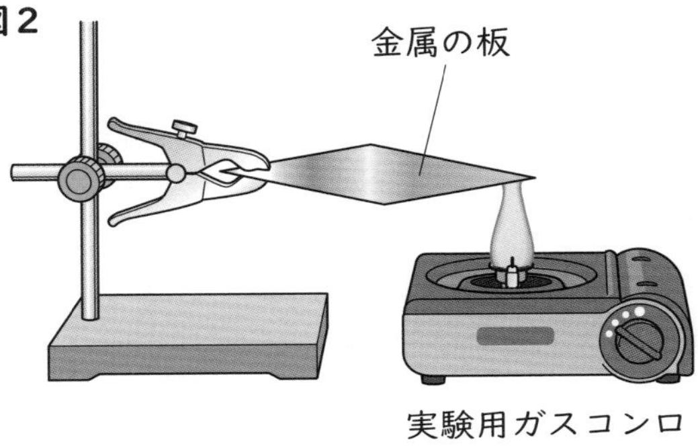

(7) 図１のA・B・Cの位置にろうをぬった金属の棒を熱すると

A・B・Cのいずれか

［⑧　　→　　→　　］の順にろうがとける。

(8) 図３のX・Y・Zの位置にろうをぬった金属の板を熱す

X・Y・Zのいずれか

ると［⑨　　→　　→　　］の順にろうがとける。

図３

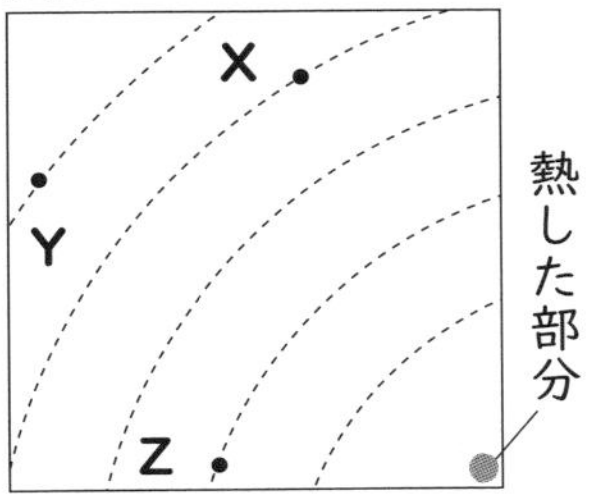

図２の金属の板を真上から見たようす

★金属のあたたまり方

(9) 金属は，［⑩ あたためられた部分が動いて ・ 熱した部分から順に熱が伝わって］

全体があたたまる。

中学ではどうなる？

- 空気や水をあたためたときのように，物質が移動して全体に熱が伝わる現象のことを対流（たいりゅう）というよ。
- 金属をあたためたときのように，熱した部分から順に熱が伝わる現象のことを伝導（でんどう）というよ。
- 太陽の光で照らされてあたたかくなるときのように，はなれた物体に熱が伝わる現象のことを放射（ほうしゃ）というよ。

学習日 月 日

25 ものの温度と体積

重要!
➡P.78～79の問題も解いてみよう!

要点まとめ

解答▶別冊 P.11

金属の温度と体積変化

ものの大きさ（かさ）

(1) ものの大きさ（かさ）のことを ① [　　　] という。

金属の温度と体積変化を調べる実験

金属の玉と，この金属の玉がぎりぎり通る穴があいている輪を用意する。

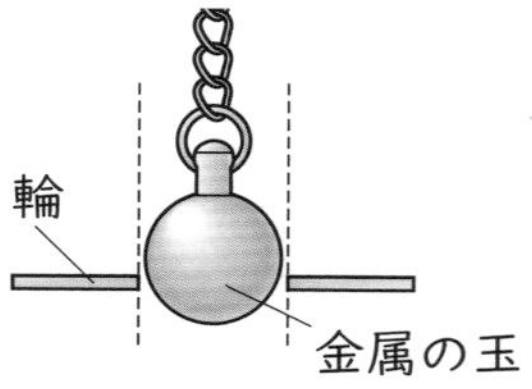

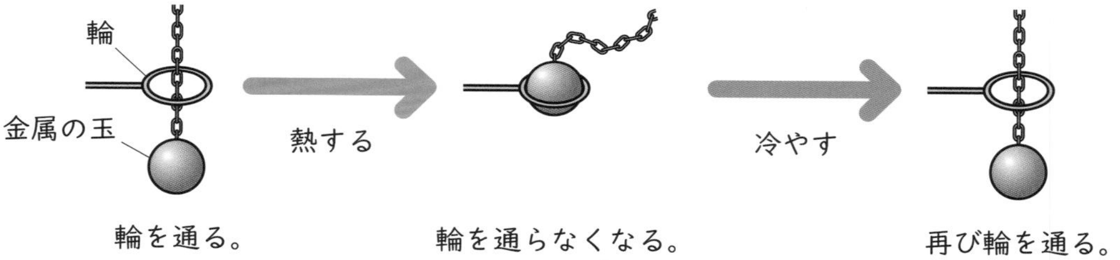

(2) 金属の玉と，この金属の玉がぎりぎり通る穴があいている輪を用意し，輪を通る金属の玉を ② [熱する ・ 冷やす] と，金属の玉は，輪を通らなくなる。

当てはまるものを○で囲もう

(3) 輪を通らなくなった金属の玉を ③ [熱する ・ 冷やす] と，再び金属の玉は輪を通るようになる。

金属の温度と体積変化

(4) 金属は，温度が高くなると体積は ④ [大きく ・ 小さく] なり，温度が低くなると体積は ⑤ [大きく ・ 小さく] なる。

(5) 温度による金属の体積の変化は，非常に ⑥ [大きい ・ 小さい]。

空気と水の温度と体積変化

空気の温度と体積変化を調べる実験

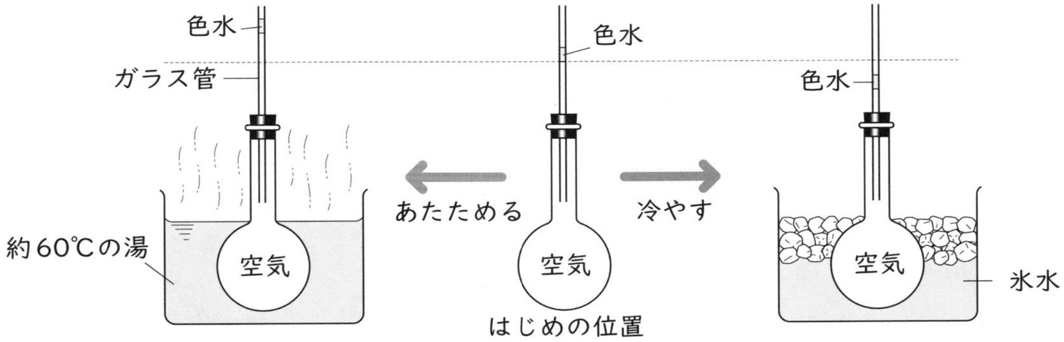

(6) 空気の入った丸底フラスコをあたためると，色水の位置は

| ⑦ 上がる ・ 下がる |。 当てはまるものを○で囲もう

(7) 空気の入った丸底フラスコを冷やすと，色水の位置は | ⑧ 上がる ・ 下がる |。

水の温度と体積変化を調べる実験

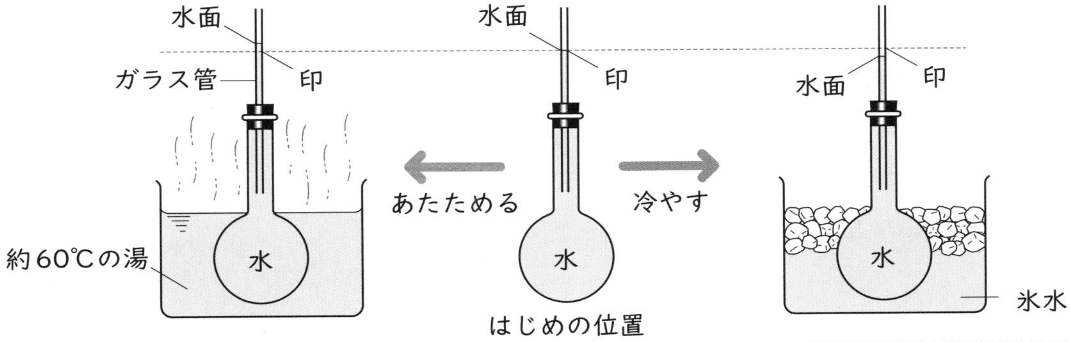

(8) 水の入った丸底フラスコをあたためると，水面の位置は | ⑨ 上がる ・ 下がる |。

(9) 水の入った丸底フラスコを冷やすと，水面の位置は | ⑩ 上がる ・ 下がる |。

空気と水の温度と体積変化

(10) 空気も水も，温度が高くなると体積は | ⑪ 大きく ・ 小さく | なり，温度が低くなると体積は | ⑫ 大きく ・ 小さく | なる。

(11) 温度による体積の変化は，水よりも空気のほうが | ⑬ 大きい ・ 小さい |。

学習日　月　日

問題を解いてみよう！

解答・解説▶別冊 P.11

1 金属の温度による体積変化について調べるために，次のような実験を行いました。これについて，あとの問いに答えなさい。

〔実験〕 **図1**のような，金属の玉と，この金属の玉がぎりぎり通る穴があいている輪を用意しました。**図2**のように，金属の玉を熱すると，**図3**のように金属の玉は輪を通らなくなりました。

図1

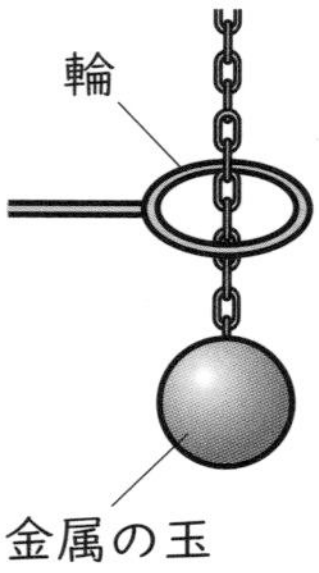

図2

図3

(1)〔実験〕で，金属の玉を熱したとき，金属の玉が輪を通りぬけられなくなったのはなぜですか。次の**ア**～**エ**から1つ選びなさい。

ア　輪の体積が大きくなったから。
イ　輪の体積が小さくなったから。
ウ　金属の玉の体積が大きくなったから。
エ　金属の玉の体積が小さくなったから。

[　　　]

(2)〔実験〕で，輪を通らなくなった金属の玉を，再び輪を通るようにするにはどうすればよいですか。次の**ア**～**ウ**から1つ選びなさい。

ア　金属の玉をさらに熱する。
イ　金属の玉を氷水で冷やす。
ウ　金属の玉をみがく。

[　　　]

(3) (2)の操作を行うと金属の玉が輪を通るようになるのはなぜですか。次の**ア**～**エ**から1つ選びなさい。

ア　金属の玉の体積が大きくなるから。
イ　金属の玉の体積が小さくなるから。
ウ　金属の玉がかたくなるから。
エ　金属の玉がやわらかくなるから。

[　　　]

2 空気と水の温度による体積変化について調べるために，次のような実験を行いました。これについて，あとの問いに答えなさい。

〔実験〕 色水を入れたガラス管つきゴムせんをさしこんだ丸底フラスコ**A**，**B**と，水を満たしてガラス管つきゴムせんをさしこんだ丸底フラスコ**C**，**D**を用意しました。**A**，**C**は**図1**のように約60℃の湯に，**B**，**D**は**図2**のように氷水につけて，10分後の色水の位置や水面の位置を調べました。

図1

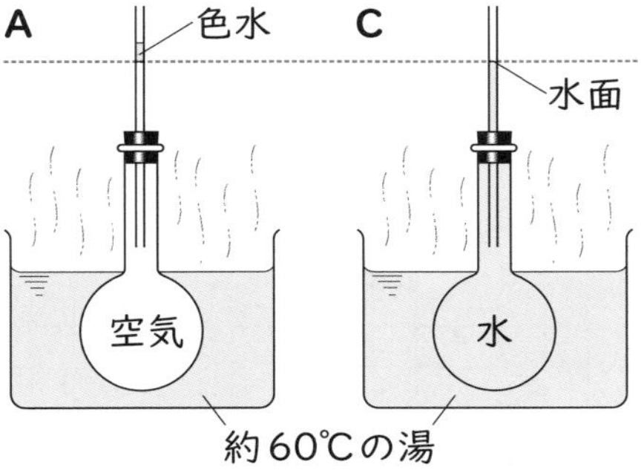

図2

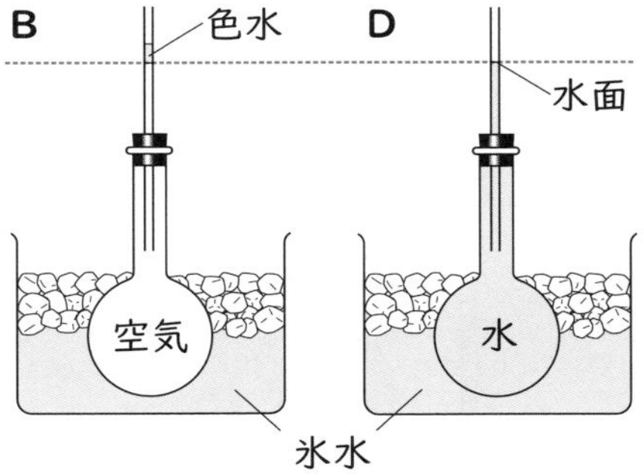

(1)〔実験〕で，**図1**のように丸底フラスコを約60℃の湯につけたとき，**A**の色水の位置と**C**の水面の位置は，それぞれ上下どちらの向きに動きましたか。

A［　　　］ **C**［　　　］

(2)〔実験〕で，**図2**のように丸底フラスコを氷水につけたとき，**B**の色水の位置と**D**の水面の位置の動き方はどちらのほうが大きかったですか。**B**，**D**から1つ選びなさい。

［　　　］

(3)〔実験〕の結果から，空気の温度による体積変化についてどのようなことがわかりますか。次の**ア**～**エ**から1つ選びなさい。

ア あたためると体積が大きくなり，冷やすと体積が小さくなる。
イ あたためると体積が小さくなり，冷やすと体積が大きくなる。
ウ あたためても冷やしても体積が大きくなる。
エ あたためても冷やしても体積が小さくなる。

［　　　］

(4)〔実験〕の結果から，空気と水の温度による体積変化の大きさについて，どのようなことがわかりますか。次の**ア**～**ウ**から1つ選びなさい。

ア 空気より水のほうが温度による体積変化が大きい。
イ 空気より水のほうが温度による体積変化が小さい。
ウ 空気と水の温度による体積変化の大きさはほぼ同じである。

［　　　］

学習日　　月　　日

26 水のすがた

重要！
➡P.82～83の問題も解いてみよう!

要点まとめ

解答▶別冊P.11

水を熱したときの変化

水を熱したときの温度変化を調べる実験

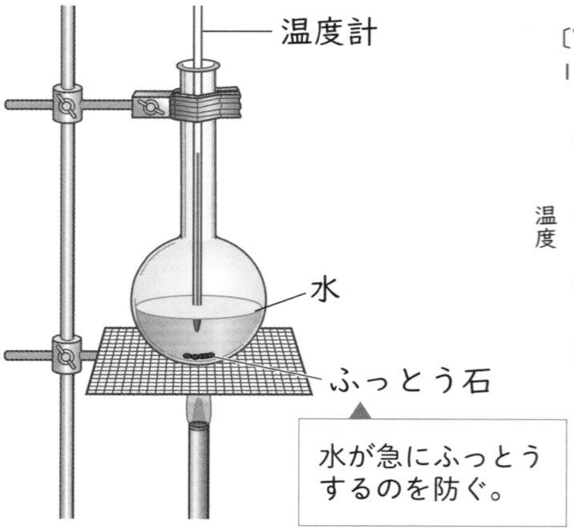

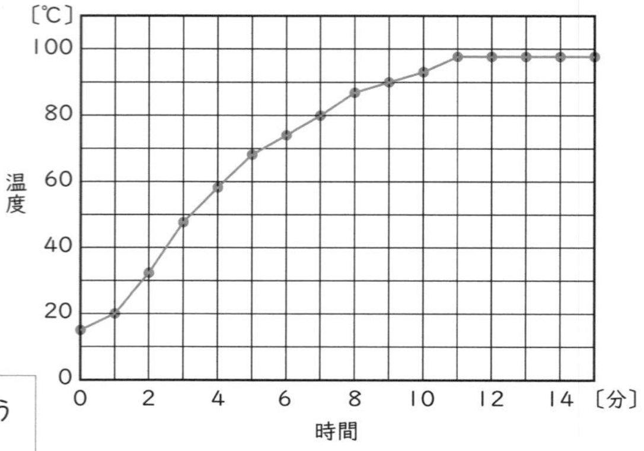

(1) 水が中からさかんにあわを出すことを ① ＿＿＿＿ という。

(2) 水を熱すると，約 ② ＿＿＿＿ ℃でふっとうを始め，ふっとうしている間，温度は ③ 上がり続ける ・ 変わらない 。

当てはまるものを〇で囲もう

熱したときの水のようす

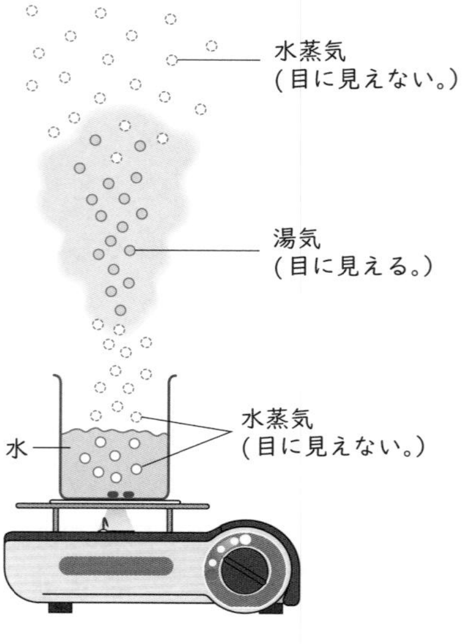

(3) 熱したときに水の中からさかんに出てくるあわは，水が目に見えないすがたに変わったもので，これを ④ ＿＿＿＿ という。

(4) 水が水蒸気になることを ⑤ ＿＿＿＿ という。

(5) 水蒸気が空気中で冷やされると，目に見える小さな水のつぶになる。このつぶを ⑥ ＿＿＿＿ という。⑥は空気中で再び水蒸気になり，目に見えなくなる。

水を冷やしたときの変化

水を冷やしたときの温度変化と体積変化を調べる実験

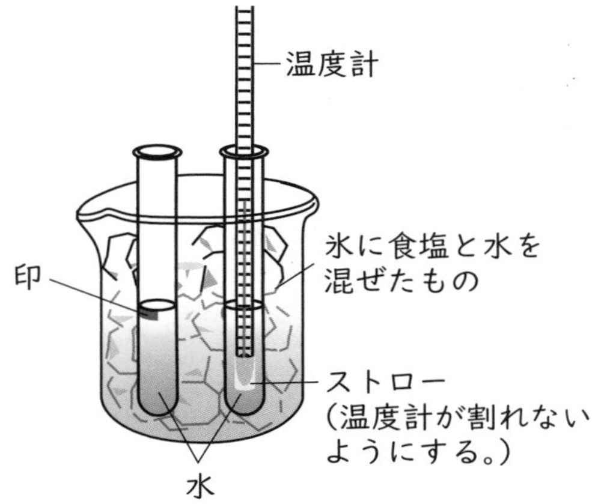

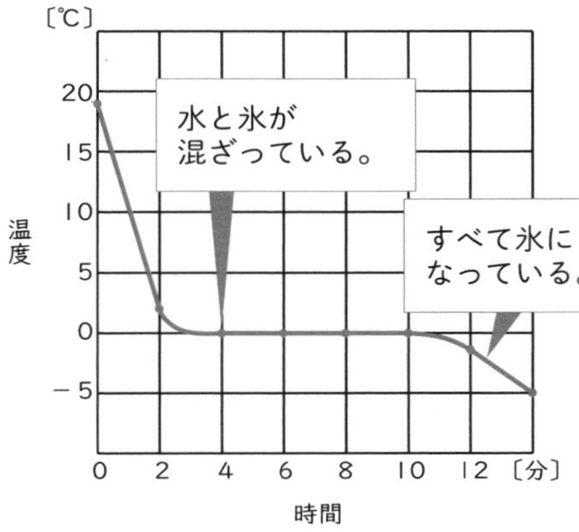

⑹ 水を冷やすと，約 ⑦［　　　　］℃でこおり始め，すべての水が氷になるまでの間，温度は ⑧［下がり続ける ・ 変わらない］。

当てはまるものを○で囲もう

⑺ 水がすべて氷になると，体積は ⑨［大きく・小さく］なる。

水のすがた

水の３つのすがた

⑻ 水蒸気や空気のように，目に見えず，自由に形を変えることができるすがたを

⑩［　　　　］という。

⑼ 水やアルコールのように，目に見えて，自由に形を変えることができるすがたを

⑪［　　　　］という。

⑽ 氷や鉄のように，かたまりになっていて形が変わりにくいすがたを

⑫［　　　　］という。

問題を解いてみよう！

解答・解説▶別冊P.11

1 水を熱したときの温度変化と水のようすについて調べるために，次のような実験を行いました。これについて，あとの問いに答えなさい。

〔実験〕 図のように，丸底フラスコに水とふっとう石を入れて熱して，温度変化と水のようすを調べました。熱し始めてからしばらくすると，水の中からさかんにあわが出ました。また，ガラス管の先では，**X**には何も見えませんでしたが，**Y**には白いけむりのようなものが見えました。

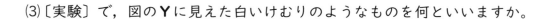

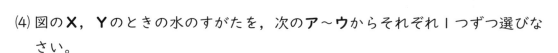

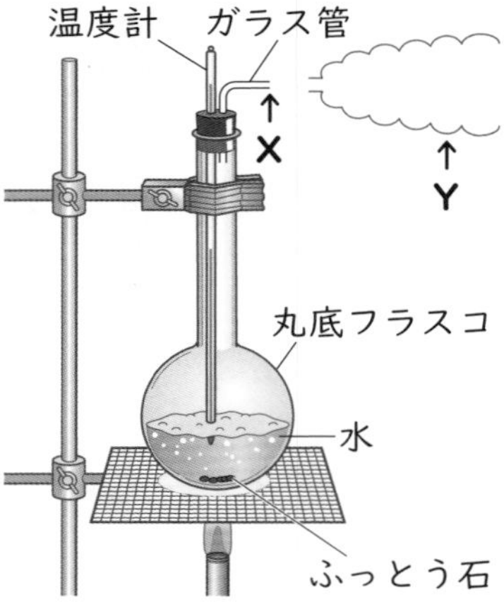

(1)〔実験〕で，丸底フラスコに水といっしょにふっとう石を入れたのはなぜですか。次の**ア**～**ウ**から1つ選びなさい。

ア　あわが出やすいようにするため。
イ　水がはやくわき立つようにするため。
ウ　水が急にふっとうするのを防ぐため。

[　　]

(2)〔実験〕で，水の中からさかんにあわが出たのは，水の温度がおよそ何℃になったときですか。

[　　℃]

(3)〔実験〕で，図の**Y**に見えた白いけむりのようなものを何といいますか。

[　　]

(4) 図の**X**，**Y**のときの水のすがたを，次の**ア**～**ウ**からそれぞれ1つずつ選びなさい。

ア　固体　　**イ**　液体　　**ウ**　気体

X[　　]　**Y**[　　]

(5)〔実験〕で，水がふっとうしてからしばらく熱し続けると，丸底フラスコの中の水の量はどのようになりますか。次の**ア**～**ウ**から1つ選びなさい。

ア　ふえる。　**イ**　へる。　**ウ**　変化しない。

[　　]

2 水を冷やしたときの温度変化と水のようすについて調べるために，次のような実験を行いました。これについて，あとの問いに答えなさい。

〔実験〕 水を入れた試験管**A**，**B**を用意し，**図1**のように，**A**はストローをつけた温度計を入れて，**B**は水面に印をつけてビーカーに入れました。ビーカーには氷に食塩と水を混ぜたものを入れて試験管**A**，**B**を冷やしました。**図2**は，水を冷やし始めてからの時間と試験管**A**の水の温度変化をグラフに表したものです。

図1

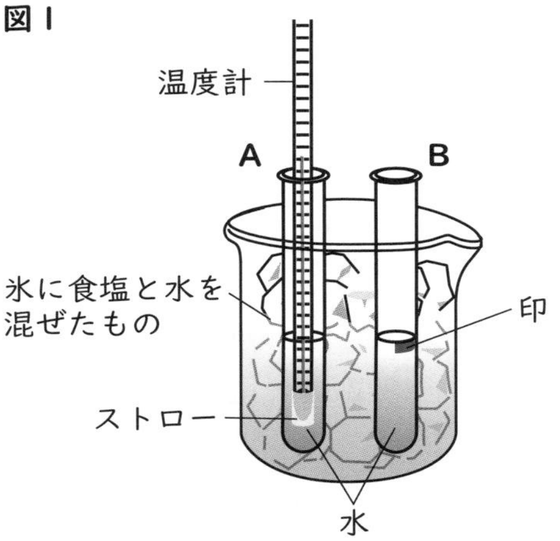

図2

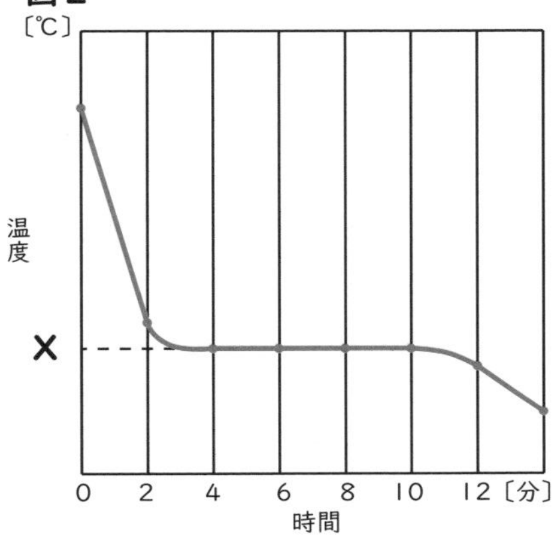

(1) **図2**の**X**に当てはまる温度は何℃ですか。 〔　　　℃〕

水がこおり始めるのは何℃かな？

(2)〔実験〕で，水がこおり始めたのは水を冷やし始めてからおよそ何分後ですか。次の**ア**～**ウ**から1つ選びなさい。

ア 1分後　**イ** 3分後　**ウ** 5分後 〔　　〕

(3)〔実験〕で，水を冷やし始めてから8分後と12分後のとき，試験管内の水はどのようになっていますか。次の**ア**～**ウ**からそれぞれ1つずつ選びなさい。

ア すべて水である。

イ 水と氷が混ざっている。

ウ すべて氷である。

8分後〔　　〕 12分後〔　　〕

(4)〔実験〕で，試験管**B**の水がすべて氷になったとき，氷の表面の位置は印の位置と比べてどうなっていましたか。次の**ア**～**ウ**から1つ選びなさい。

ア 印より上になっていた。

イ 印と同じであった。

ウ 印より下になっていた。 〔　　〕

27 もののとけ方

学習日　　月　　日

重要!
➡P.86～87の問題も解いてみよう!

要点まとめ

解答▶別冊P.12

ものを水にとかす

ものが水にとけるとき

(1) ものが水の中で均一に広がって，すき通った液になることを「ものが水にとけた」といい，ものが水にとけた液を ① [　　　] という。

水にとけたものの重さ

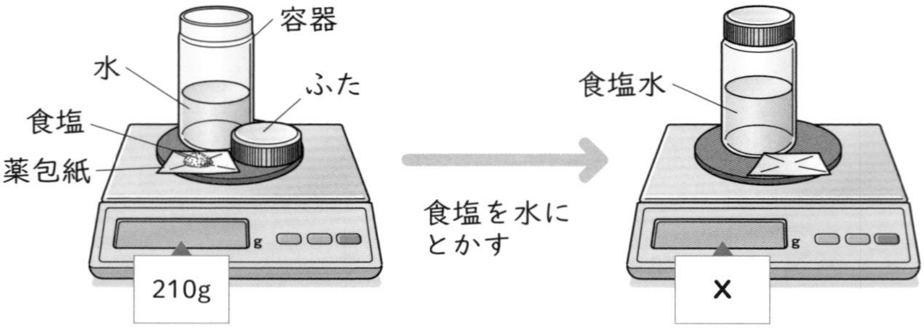

(2) 上の図の**X**の重さは ② [　　　] gである。

(3) 水溶液（すいようえき）の重さ＝ ③ [　　　] の重さ＋とけたものの重さ

ものが水にとける量

(4) 決まった量の水にとけるものの量には限りがあり，水にとけるものの量は，ものによって

当てはまるものを○で囲もう

④ [ちがいがある ・ ちがいはない]。

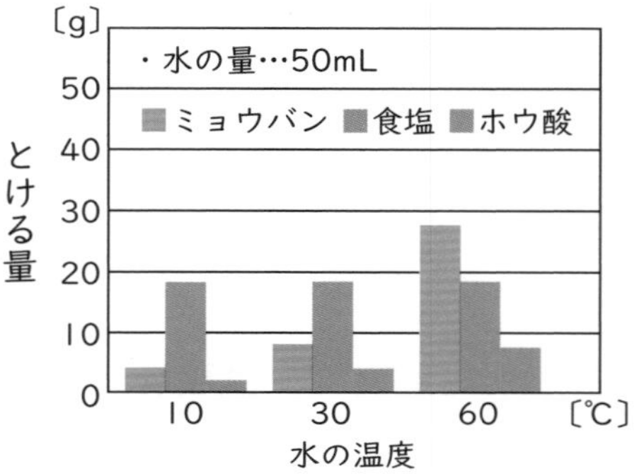

(5) 水の量を ⑤ [ふやす ・ へらす] と，水にとけるものの量はふえる。

(6) 水の温度を ⑥ [上げる ・ 下げる] と，多くの固体では水にとけるものの量はふえるが，食塩はほとんど変わらない。

水にとけたものをとり出す

水にとけたものをとり出す方法

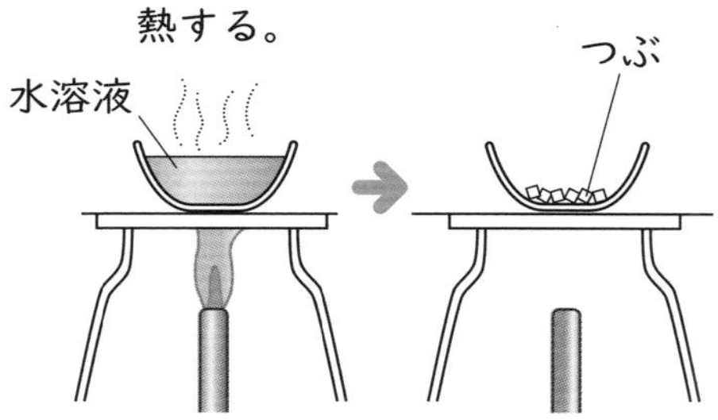

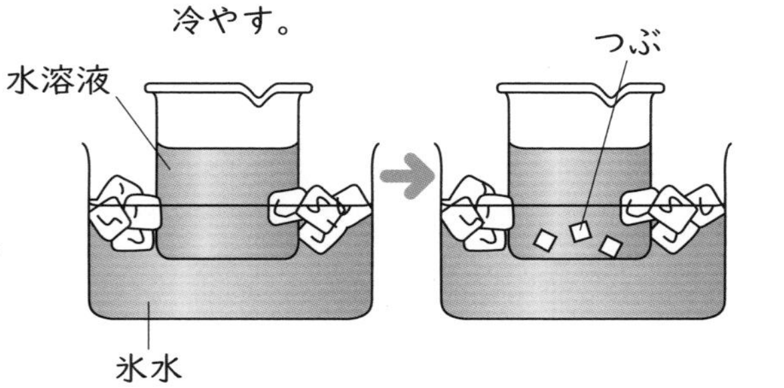

(7) 水溶液を熱して，水を ⑦［　　　　］させると，とけきれなくなったつぶをとり出すことができる。

(8) 水溶液を氷水で ⑧［　　　　］と，とけきれなくなったつぶをとり出すことができる。

液に混ざっているつぶをこす方法

(9) ⑨［　　　　］を使って，液の中のつぶをとり出す方法を ⑩［　　　　］という。

(10) ビーカーのかべに，ろうとのあしの

当てはまるものを○で囲もう

⑪［長い ・ 短い］ほうをつけて，

液をガラス棒に伝わらせて少しずつ注ぐ。

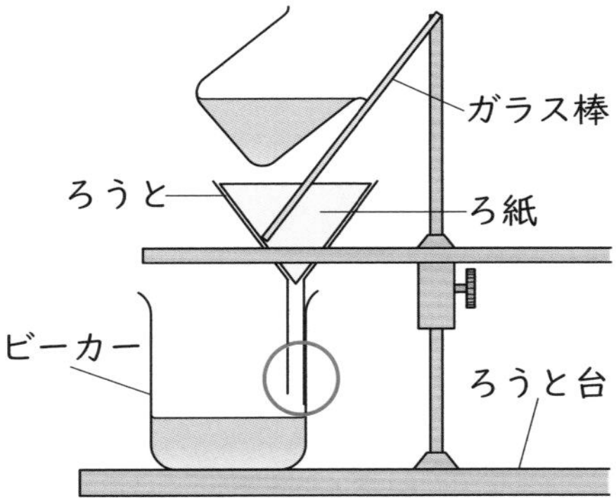

中学では どうなる？

- 液体にものをとかしたとき，とけているものを溶質，溶質をとかしている液体を溶媒，溶質が溶媒にとけている液全体を溶液というよ。
- 物質を一定の量の水にとかすことのできる限度の量を溶解度といい，溶解度は水の温度によって変化するよ。
- 物質が溶解度までとけている水溶液を飽和水溶液というよ。

学習日　月　日

問題を解いてみよう！

解答・解説▶別冊P.12

1 図のように，水100 gにコーヒーシュガー(茶色の砂糖)10 gを入れてよくかき混ぜると，コーヒーシュガーがすべてとけました。これについて，次の問いに答えなさい。

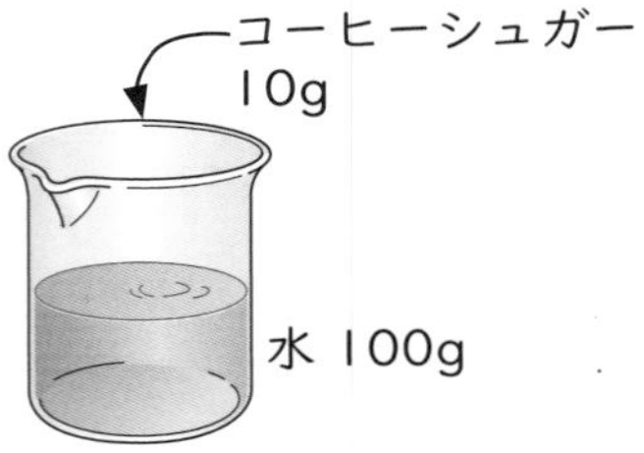

(1) コーヒーシュガーが水にとけたようすの説明として，適切なものはどれですか。次の**ア**～**エ**からすべて選びなさい。

ア　つぶが見えなくなっている。

イ　液が白くにごっている。

ウ　液が茶色ですき通っている。

エ　とけたものは下のほうにたまっている。

［　　　］

(2) ものが水にとけた液を何といいますか。

［　　　］

(3) 水100 gにコーヒーシュガー10 gを入れてできた(2)の重さは何gですか。

［　　　g］

2 図は，10℃，30℃，60℃の水50mLにとかすことができるミョウバン，食塩，ホウ酸の量をグラフに表したものです。これについて，次の問いに答えなさい。

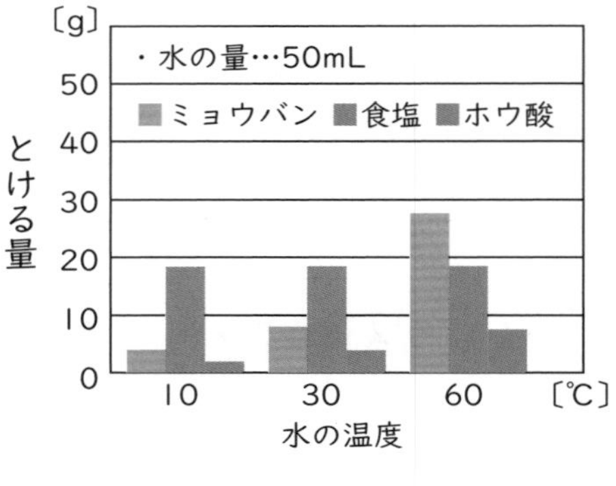

(1) 図から，ミョウバンとホウ酸の水へのとけ方についてどのようなことがわかりますか。次の**ア**～**エ**からすべて選びなさい。

ア　10℃の水50mLにとける量は，ミョウバンよりホウ酸のほうが多い。

イ　60℃の水50mLにとける量は，ホウ酸よりミョウバンのほうが多い。

ウ　ミョウバンは水の温度が高いほどとける量が多くなる。

エ　ホウ酸は，水の温度が高いほどとける量が少なくなる。

［　　　］

(2) 10℃の水50mLに食塩30 gを入れてよくかき混ぜましたが，とけ残りができました。とけ残りをすべてとかすにはどうすればよいですか。次の**ア**～**エ**から1つ選びなさい。

ア　10℃の水20mLを加える。　　**イ**　10℃の水50mLを加える。

ウ　水の温度を30℃に上げる。　　**エ**　水の温度を60℃に上げる。

〔　　〕

3 水にとけたものをとり出すために，次のような実験を行いました。表は，20℃，40℃，60℃の水50mLにとかすことができるミョウバンと食塩の量を表したものです。これについて，あとの問いに答えなさい。

水の温度〔℃〕	20	40	60
ミョウバン〔g〕	5.7	11.9	28.7
食塩〔g〕	17.9	18.2	18.5

〔実験〕 60℃の水50mLを入れたビーカー**A**，**B**を用意し，ビーカー**A**にはミョウバンを，ビーカー**B**には食塩をそれぞれ15 gずつ入れてよくかき混ぜたところ，どちらもすべてとけました。これらのビーカーをゆっくりと冷やしていき，液の温度を20℃まで下げたところ，一方のビーカーには小さなつぶが多く出てきましたが，もう一方のビーカーには，小さなつぶは出てきませんでした。

(1)〔実験〕で，液の温度を20℃まで下げたとき，小さなつぶが多く出てきたのは，**A**，**B**のうちどちらのビーカーですか。

〔　　〕

(2)〔実験〕で，(1)のビーカーに出てきた小さなつぶは何gですか。

〔　　g〕

(3)〔実験〕で，(1)のビーカーに出てきた小さなつぶをろ過してとり出しました。ろ過の方法として適切なものを，次の**ア**～**エ**から1つ選びなさい。

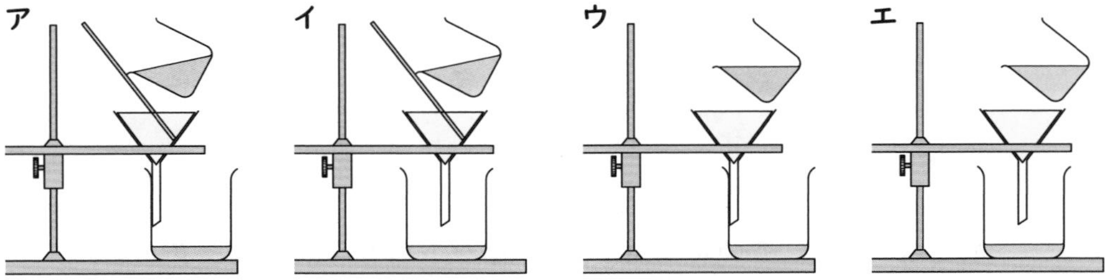

〔　　〕

学習日　　月　　日

28 水溶液（すいようえき）の性質

重要！ ➡P.90～91の問題も解いてみよう！

要点まとめ

解答▶別冊P.13

水溶液の性質

水溶液（すいようえき）にとけているもの

(1) 水溶液の水を蒸発させたとき，つぶが残るものには，①［気体・固体］がとけている。

当てはまるものを〇で囲もう

(2) ②［気体・固体］がとけている水溶液の水を蒸発させても何も残らない。

(3) 塩酸，炭酸水，アンモニア水は気体がとけている水溶液で，たとえば，炭酸水には③［　　］がとけている。

炭酸水にとけているものの名前

水溶液のなかま分け

酸性・中性・アルカリ性のいずれか

(4) 青色リトマス紙を赤色に変化させる水溶液の性質を④［　　］という。

(5) 赤色リトマス紙を青色に変化させる水溶液の性質を⑤［　　］という。

(6) 青色リトマス紙も赤色リトマス紙も変化しない水溶液の性質を⑥［　　］という。

青色・緑色・黄色のいずれか

(7) BTB溶液は，酸性で⑦［　　］，中性で⑧［　　］，アルカリ性で⑨［　　］になる。

水溶液	赤色リトマス紙	青色リトマス紙	BTB溶液	性質
うすい塩酸	変化しない	赤色に変化	黄色	酸性
炭酸水	変化しない	赤色に変化	黄色	酸性
食塩水	変化しない	変化しない	緑色	中性
石灰水（せっかいすい）	青色に変化	変化しない	青色	アルカリ性
アンモニア水	青色に変化	変化しない	青色	アルカリ性

水溶液と金属

★ 水溶液に金属を加えたときの変化を調べる実験

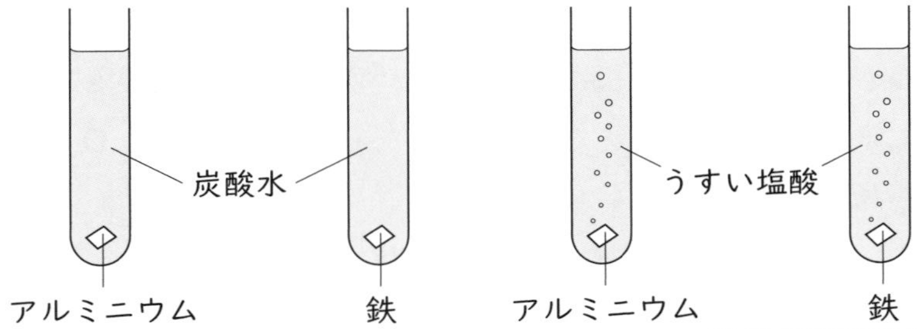

(8) 炭酸水にアルミニウムを加えると，アルミニウムは ⑩［とける ・ とけない］。

(9) 炭酸水に鉄を加えると，鉄は ⑪［とける ・ とけない］。

当てはまるものを○で囲もう

(10) うすい塩酸にアルミニウムを加えると，アルミニウムはあわを

⑫［出しながら ・ 出さずに］とける。

(11) うすい塩酸に鉄を加えると，鉄はあわを

⑬［出しながら ・ 出さずに］とける。

★ 塩酸にとけたアルミニウムの性質を調べる実験

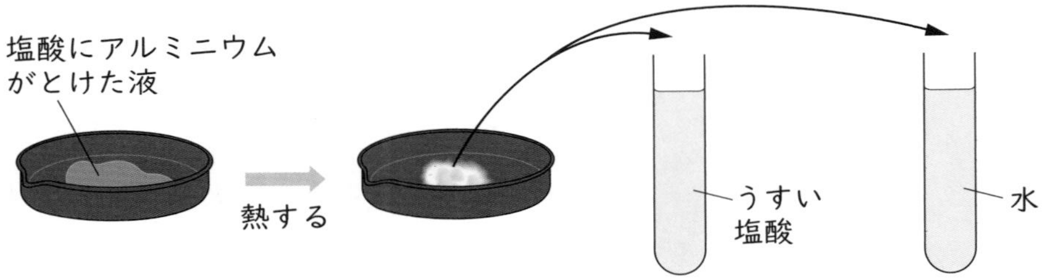

(12) 塩酸にアルミニウムがとけた液を蒸発皿にとって熱すると，

⑭［黄色 ・ 白色］の固体が出てくる。

(13) (12)で出てきた固体をうすい塩酸に加えると，固体はあわを

⑮［出しながら ・ 出さずに］とけ，水に加えると，固体は

⑯［とける ・ とけない］。

(14) 塩酸にアルミニウムがとけた液から出てきた固体は，アルミニウムと性質が

⑰［同じである ・ ちがう］。

問題を解いてみよう！

解答・解説▶別冊 P.13

1 水溶液(すいようえき)**A**～**D**が何であるかを調べるために，次のような実験を行いました。これについて，あとの問いに答えなさい。ただし，水溶液**A**～**D**は，食塩水，うすい塩酸，石灰水(せっかいすい)，炭酸水のいずれかです。

〔実験１〕 水溶液**A**～**D**のにおいを調べました。

〔実験２〕 水溶液**A**～**D**をそれぞれ蒸発皿に少量とって熱し，水を蒸発させて変化のようすを調べました。

〔実験３〕 水溶液**A**～**D**をそれぞれ赤色リトマス紙につけて色の変化を調べました。

表は，実験１～３の結果を表したものです。

水溶液	実験１	実験２	実験３
A	においがした。	何も残らなかった。	赤色のままであった。
B	においはしなかった。	白い固体が残った。	赤色のままであった。
C	においはしなかった。	白い固体が残った。	青色に変化した。
D	においはしなかった。	何も残らなかった。	赤色のままであった。

(1) 水溶液**A**，**C**はどの水溶液ですか。次の**ア**～**エ**からそれぞれ１つずつ選びなさい。

ア 食塩水　**イ** うすい塩酸　**ウ** 石灰水　**エ** 炭酸水

A〔　　〕 **C**〔　　〕

(2) 水溶液**D**にとけているものは何ですか。〔　　〕

(3) 赤色リトマス紙を青色に変化させる水溶液の性質を何性といいますか。

〔　　性〕

(4) 水溶液**A**～**D**のうち，青色リトマス紙につけるとリトマス紙が赤色に変化する水溶液はどれですか。すべて選びなさい。〔　　〕

2 金属を水溶液にとかしたときのようすについて調べるために，次のような実験を行いました。これについて，あとの問いに答えなさい。

〔実験〕❶　**図1**のように，アルミニウムを水とうすい塩酸にそれぞれ入れたところ，アルミニウムは水にはとけませんでしたが，うすい塩酸にはあわを出しながらとけました。

❷　❶でうすい塩酸にアルミニウムがとけた液を，**図2**のように蒸発皿に少量入れて熱したところ，蒸発皿に固体が残りました。

❸　❷で蒸発皿に残った固体を，**図3**のように，水とうすい塩酸にそれぞれ少量ずつ入れて，とけるかどうかを調べました。

図1　**図2**　**図3**

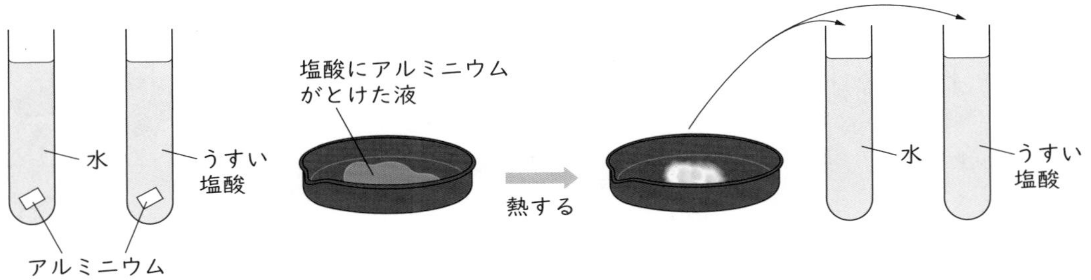

(1)〔実験〕の❷で，蒸発皿に残った固体の色は何色ですか。次の**ア**～**エ**から1つ選びなさい。

ア　銀色　　**イ**　白色　　**ウ**　黄色　　**エ**　赤色

［　　］

(2)〔実験〕の❸で，蒸発皿に残った固体を水に入れたときのようすとして適切なものを，次の**ア**，**イ**から1つ選びなさい。

ア　とけた。　　**イ**　とけなかった。

［　　］

(3)〔実験〕の❸で，蒸発皿に残った固体をうすい塩酸に入れたときのようすとして適切なものを，次の**ア**～**ウ**から1つ選びなさい。

ア　あわを出しながらとけた。

イ　あわを出さずにとけた。

ウ　とけなかった。

［　　］

(4)〔実験〕の結果から，どのようなことがわかりますか。次の**ア**，**イ**から1つ選びなさい。

ア　アルミニウムは塩酸によって別のものに変化する。

イ　アルミニウムは塩酸によって変化しない。

［　　］

学習日　　月　　日

29 ものの燃え方

重要!
➔P.94~95の問題も解いてみよう!

要点まとめ

解答▶別冊P.13

ものが燃えるとき

ものの燃え方と空気

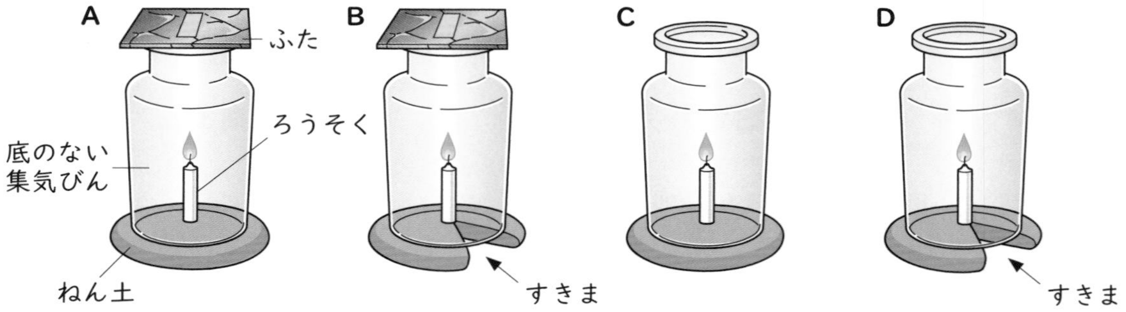

A・B・C・Dのいずれか

(1) びんの中に入れたろうそくは，①［　　］と②［　　］は燃え続け，③［　　］と④［　　］は火が消える。

(2) ものが燃え続けるには，空気が⑤［びんの中にとどまる　・　入れかわる］必要がある。

当てはまるものを○で囲もう

ものを燃やすはたらきのある気体

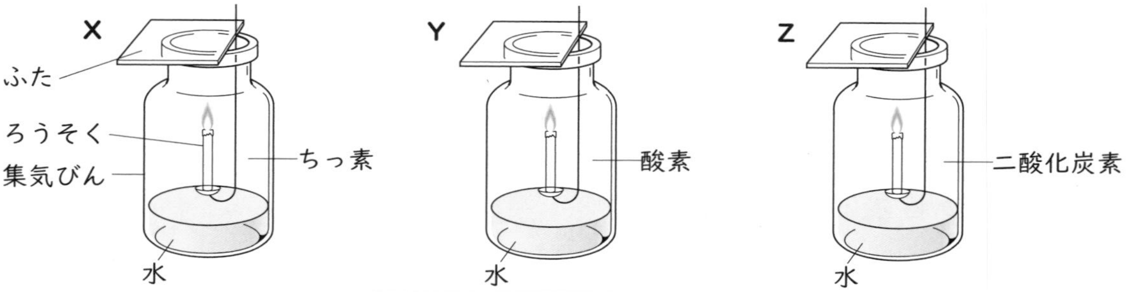

X・Y・Zのいずれか

(3) 集気びんの中に入れたろうそくは，⑥［　　］は激しく燃え，⑦［　　］，⑧［　　］はすぐに火が消える。

ちっ素・酸素・二酸化炭素のいずれか

(4) ものが燃えるには，⑨［　　］が必要である。

ものが燃えるときの空気の変化

ろうそくが燃える前と燃えたあとの空気の変化を調べる実験

燃える前　　　　燃えたあと

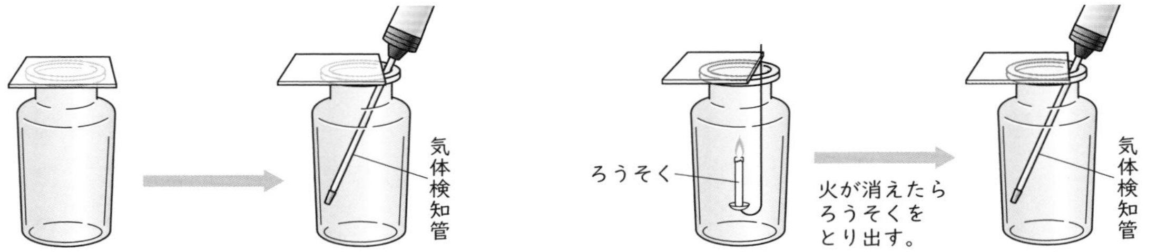

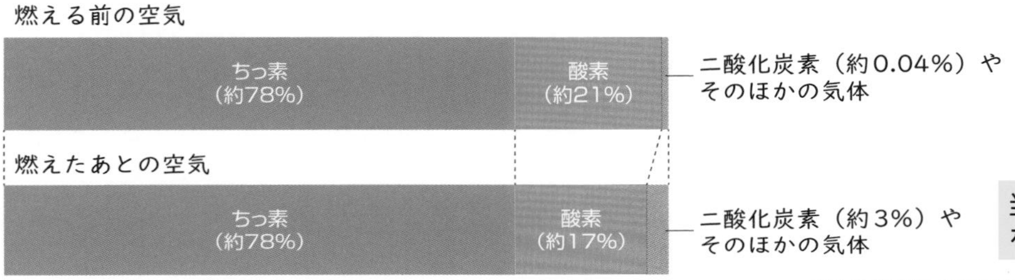

当てはまるものを○で囲もう

(5) ろうそくが燃えたあとの空気は，酸素の体積の割合が ⑩［大きく・小さく］なり，二酸化炭素の体積の割合が ⑪［大きく・小さく］なる。

(6) ろうそくが燃えたあとの空気に石灰水（せっかいすい）を入れてよくふると，石灰水が

⑫［白くにごる ・ 変化しない］。

ものが燃えるときの空気の変化

気体の名前

(7) ものが燃えると，空気中の ⑬［　　　　］の一部が使われて，

⑭［　　　　］ができる。

ろうそくが燃える前の空気　　　　ろうそくが燃えたあとの空気

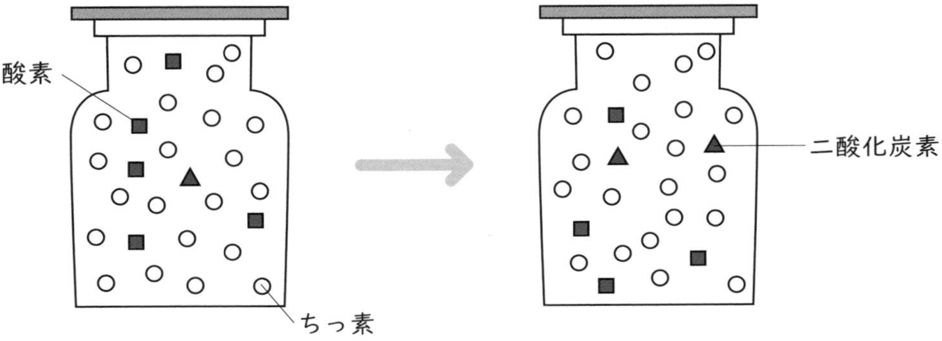

問題を解いてみよう！

解答・解説▶別冊 P.13

1 ものの燃え方について調べるために，次のような実験を行いました。これについて，あとの問いに答えなさい。

〔実験〕 ねん土に火のついたろうそくを立てて，**A**～**D**のように，底のない集気びんをかぶせました。**A**，**C**は集気びんの口にふたをし，**C**，**D**はねん土の一部を切りとってすきまをあけました。火のついた線香（せんこう）を**B**～**D**の集気びんの口や底に近づけ，線香のけむりのようすやろうそくの燃え方を調べました。

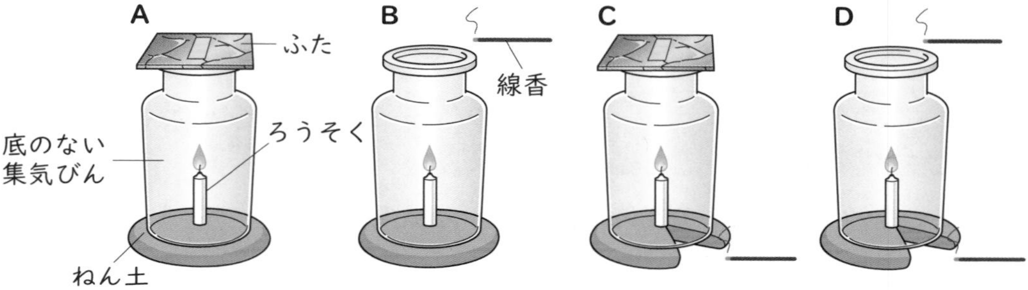

(1)〔実験〕で，**B**，**C**の線香のけむりはそれぞれどのように動きましたか。次の**ア**～**ウ**からそれぞれ１つずつ選びなさい。

ア　集気びんの中に流れこみ，出ていった。
イ　集気びんの中に流れこみ，そのまま出ていかなかった。
ウ　集気びんの中に流れこまなかった。

B［　　　］ **C**［　　　］

(2)〔実験〕で，**D**の線香のけむりはどのように動きましたか。次の**ア**～**エ**から１つ選びなさい。

ア　上と下の両方から集気びんの中に流れこみ，そのまま出ていかなかった。
イ　上から集気びんの中に流れこみ，下から出ていった。
ウ　下から集気びんの中に流れこみ，上から出ていった。
エ　集気びんの中に流れこまなかった。

［　　　］

(3)〔実験〕で，ろうそくが燃え続けたのはどれですか。**A**～**D**からすべて選びなさい。

［　　　］

ろうそくが燃え続けるには何が必要かな？

2 水を入れた集気びんを４本用意し，図のように，**A**は空気，**B**は酸素，**C**はちっ素，**D**は二酸化炭素でそれぞれ満たして，火のついたろうそくを入れてふたをし，ろうそくの燃え方を調べました。ろうそくの火がすぐに消えたのはどれですか。**A**～**D**からすべて選びなさい。

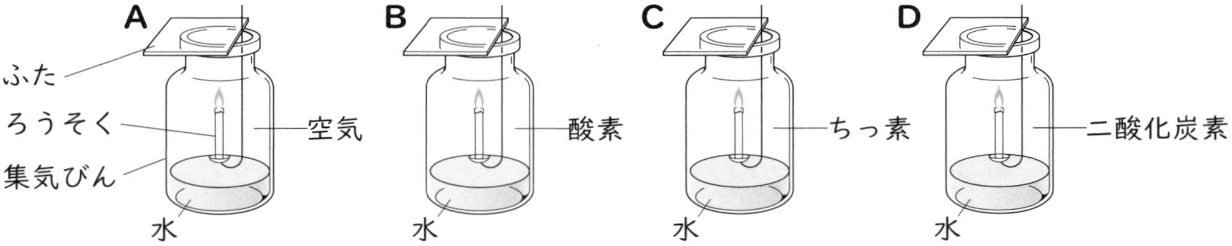

［　　　　　］

3 ものが燃えるときの空気の変化について調べるために，次のような実験を行いました。これについて，あとの問いに答えなさい。

〔実験〕 集気びんを３本用意し，**X**，**Y**は図のように火のついたろうそくをそれぞれ入れてふたをし，火が消えるまで燃やしました。**Z**はそのままふたをしました。

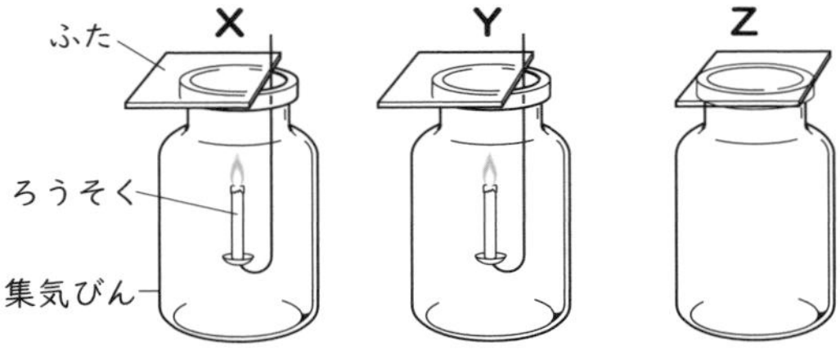

X，**Y**のろうそくの火が消えてからろうそくをとり出し，**X**に石灰水（せっかいすい）を入れてふたをし，よくふりました。また，気体検知管を使って，**Y**，**Z**の中の空気にふくまれる気体の割合を調べました。

(1)〔実験〕で，**X**の集気びんに石灰水を入れてよくふったとき，石灰水はどうなりましたか。

［　　　　　］

(2)〔実験〕で，**Y**の集気びんの中の空気は，**Z**の集気びんの中の空気と比べて，酸素と二酸化炭素の割合はどうなっていましたか。次の**ア**～**エ**から１つ選びなさい。

ア 酸素の割合は大きくなり，二酸化炭素の割合は小さくなっていた。
イ 酸素の割合は小さくなり，二酸化炭素の割合は大きくなっていた。
ウ 酸素の割合も二酸化炭素の割合も大きくなっていた。
エ 酸素の割合も二酸化炭素の割合も小さくなっていた。

［　　　　　］

学習日　月　日

30 光や音の性質

要点まとめ

解答▶別冊P.14

光の性質

はね返した日光の進み方

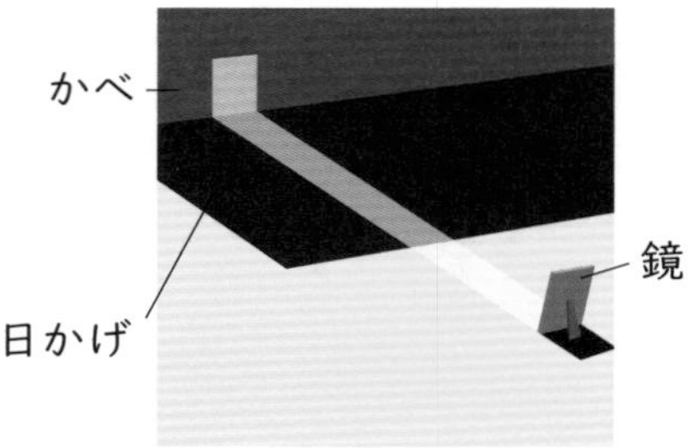

(1) 鏡は太陽の光（日光）をはね返すことが

① できる ・ できない 。　当てはまるものを○で囲もう

(2) 日光はまっすぐに進む性質があり，鏡ではね返した日光は，まっすぐに ② 進む ・ 進まない 。

はね返した日光を重ねる

３枚の鏡で日光をはね返してかべに当てたようす

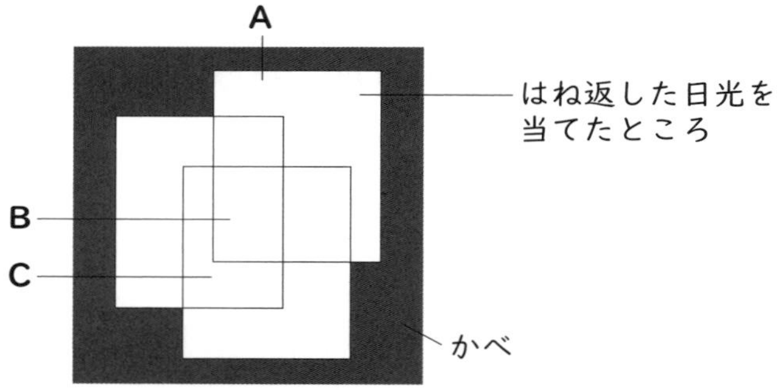

(3) 鏡ではね返した日光が当たったところは，③ 明るく ・ 暗く なり，温度が ④ 高く ・ 低く なる。

(4) はね返した日光を重ねるほど，⑤ 明るく ・ 暗く ，温度が ⑥ 高く ・ 低く なる。

(5) 上の図のように，３枚の鏡で日光をはね返してかべに当てて，A～Cの明るさと温度を比べると，⑦＿＿＿が最も明るく，⑧＿＿＿が最も暗い。温度は，⑨＿＿＿が最も高く，⑩＿＿＿が最も低い。　A・B・Cのいずれか

★ 虫めがねで集めた日光

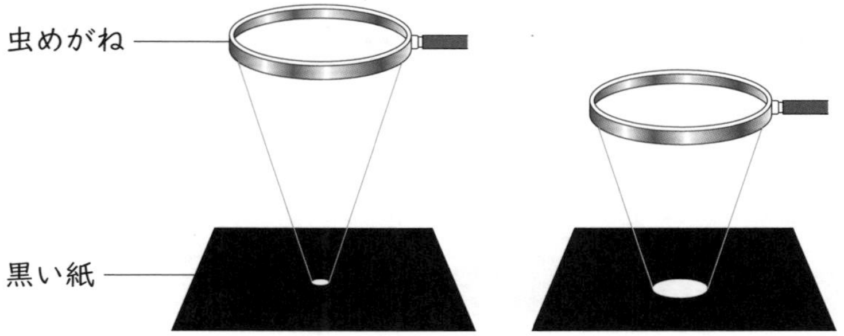

(6) 虫めがねで日光を集めると，日光を集めたところは ⑪［明るく・暗く］なり，⑫［熱く・冷たく］なる。

当てはまるものを○で囲もう

(7) 日光を集めたところが ⑬［大きい・小さい］ほど，明るく，熱くなる。

音の性質

★ 音が出ているとき

(8) ものから音が出ているとき，ものはふるえている。ふるえを止めると，音は ⑭［出続ける・止まる］。

(9) 大きい音が出ているとき，もののふるえ方は ⑮［大きく・小さく］，小さい音が出ているとき，もののふるえ方は ⑯［大きい・小さい］。

★ 音が伝わるとき

(10) 音が伝わるとき，音を伝えているものはふるえて ⑰［いる・いない］。

中学ではどうなる?

● 光が鏡などに当たってはね返ることを光の反射(はんしゃ)というよ。
● 音を出しているものを音源(おんげん)，または発音体(はつおんたい)というよ。

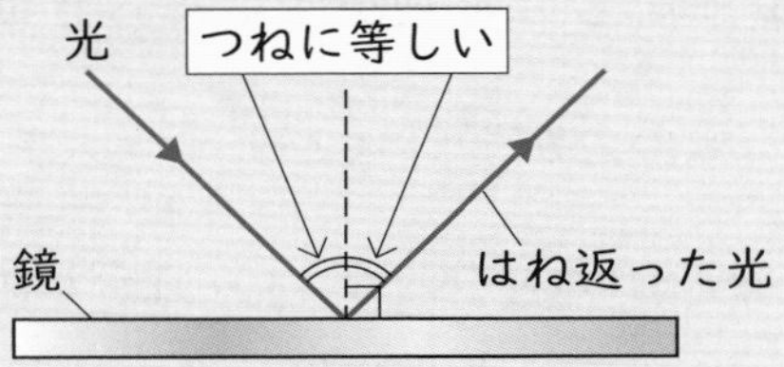

学習日 月 日

31 風やゴムの力

要点まとめ

解答▶別冊P.14

風の力のはたらき

風の力

(1) 図のように，送風機で車に風を当てると，

車は ① 動く ・ 動かない 。

当てはまるものを○で囲もう

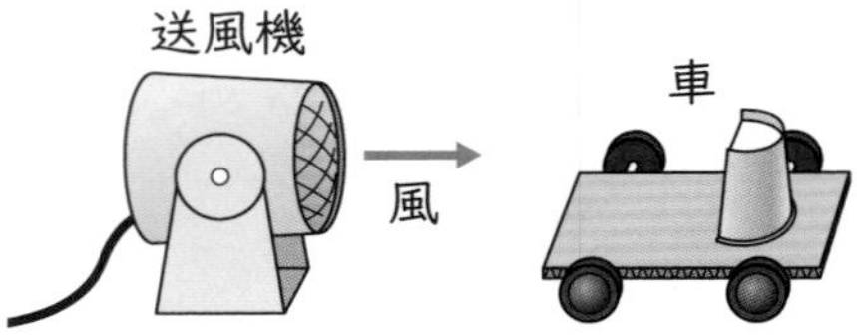

風の強さと車が動くきょりの関係を調べる実験

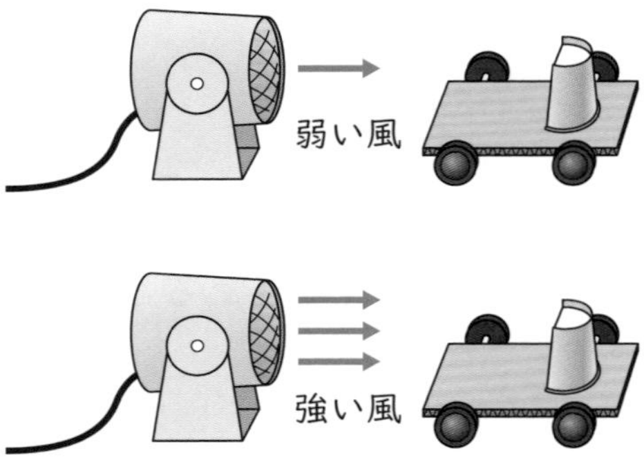

送風機で車に風を当てて車が動いたきょりを調べる。

風の強さ	車が動いたきょり
弱い風	3m50cm
強い風	8m30cm

(2) 車に当てる風の強さを変えると，車が動くきょりは ② 変わる ・ 変わらない 。

(3) 風の強さが ③ 強い ・ 弱い ほうが，車が動いたきょりが大きい。

風の力のはたらき

(4) 風の力で，ものを動かすことは ④ できる ・ できない 。

(5) 風がものを動かすはたらきは，風の力が強いほど ⑤ 大きく ・ 小さく ，風の力が弱いほど ⑥ 大きく ・ 小さく なる。

(6) 空を泳いでいるこいのぼりや，プロペラを回して発電する ⑦ ＿＿＿＿ 発電は，風の力を利用している。

ゴムの力のはたらき

ゴムの力

(7) ゴムは引っぱったりねじったりすると，もとの形にもどろうと

| ⑧ する ・ しない | 。 当てはまるものを○で囲もう

(8) 図のように，ゴムをのばして手をはなすと，

車は | ⑨ 動く ・ 動かない | 。

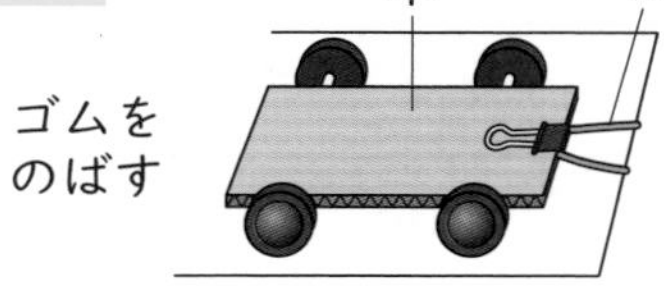

ゴムをのばす長さと車が動くきょりの関係を調べる実験

A

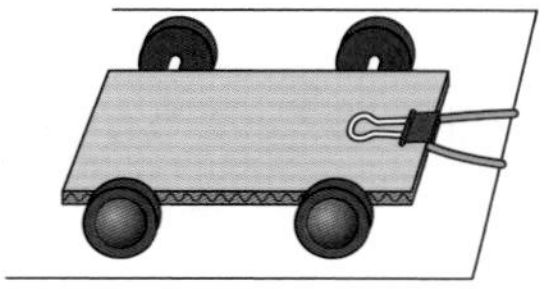

B

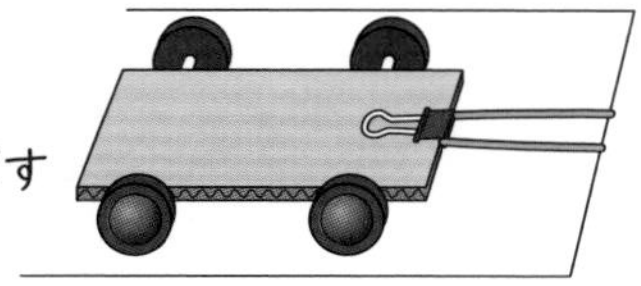

ゴムをのばして手をはなして車が動いたきょりを調べる。

のばしたゴムの長さ	車が動いたきょり
5cm	4m50cm
10cm	8m20cm

(9) ゴムをのばす長さを変えると，車が動くきょりは | ⑩ 変わる ・ 変わらない | 。

(10) ゴムをのばす長さが | ⑪ 長い ・ 短い | ほうが，車が動いたきょりが大きい。

ゴムの力のはたらき

(11) ゴムの力で，ものを動かすことは | ⑫ できる ・ できない | 。

(12) ゴムがものを動かすはたらきは，ゴムをのばす長さが長いほど

| ⑬ 大きく ・ 小さく | ，ゴムをのばす長さが短いほど

| ⑭ 大きく ・ 小さく | なる。

4章 エネルギー

学習日　　月　　日

32 磁石の力

要点まとめ

解答▶別冊 P.14

磁石の性質

磁石につくもの

(1) ① [　　　] でできたものは磁石につくが，銅やアルミニウムなどの①以外の金属は磁石につかない。

当てはまるものを○で囲もう

(2) 紙，ガラス，木，プラスチックなどは磁石に ② [つく ・ つかない]。

(3) 磁石ははなれていても鉄を引きつけ，磁石と鉄の間に磁石につかないものがあっても鉄を引きつける。

磁石の極

(4) 棒磁石にゼムクリップを近づけると，両はしにはゼムクリップがたくさんつくが，真ん中に近くなるほど磁石につくゼムクリップの数が少なくなる。

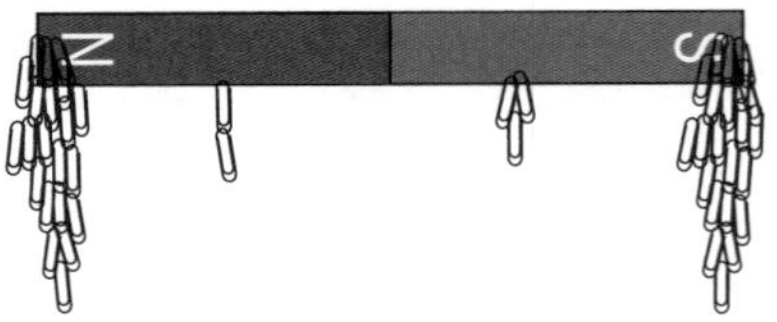

(5) 棒磁石の両はしのように，磁石が最も強く鉄を引きつけるところを ③ [　　　] といい，N極とS極がある。

(6) N極とN極，S極とS極のように，磁石の同じ極どうしを近づけると，磁石は ④ [引き合う ・ しりぞけ合う]。

(7) N極とS極のように，磁石のちがう極どうしを近づけると，磁石は ⑤ [引き合う ・ しりぞけ合う]。

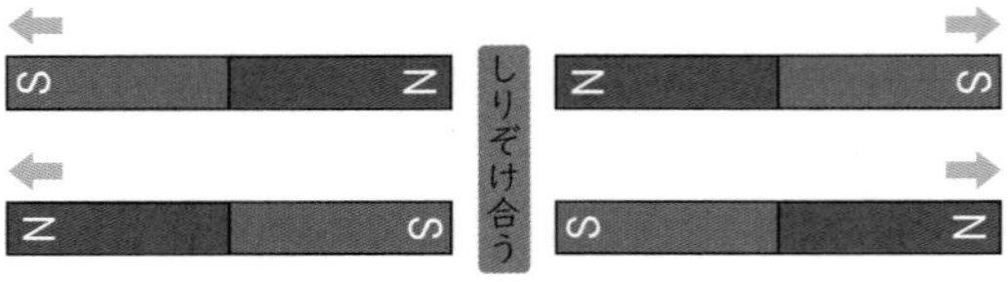

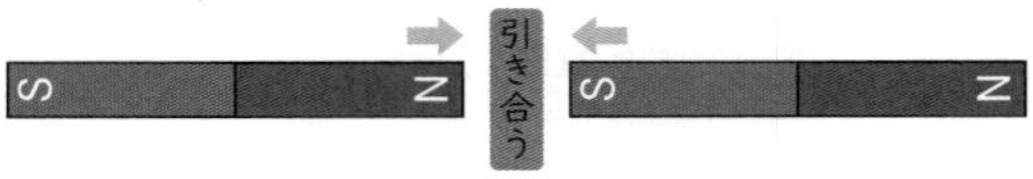

磁石についた鉄

★磁石についた鉄

(8) 棒磁石に鉄くぎを２本縦につなげてつけたあと，鉄くぎを棒磁石からはなすと，下の鉄くぎは上の鉄くぎから

⑥ はなれる ・ はなれない 。

当てはまるものを○で囲もう

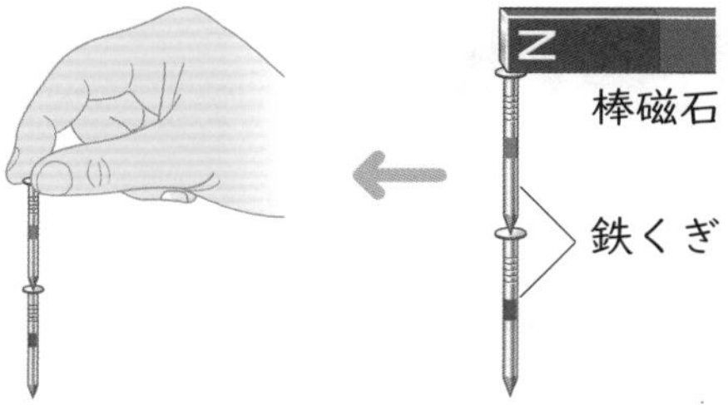

(9) 棒磁石につけた鉄くぎを棒磁石からはなし，鉄くぎに鉄でできたゼムクリップを近づけると，ゼムクリップは鉄くぎに

⑦ つく ・ つかない 。

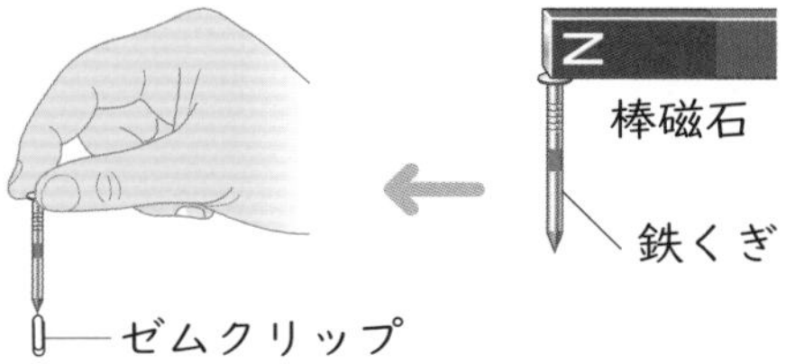

(10) 次の図のように，棒磁石につけた鉄くぎを棒磁石からはなし，鉄くぎの先を方位磁針に近づけると，鉄くぎの先に方位磁針の ⑧ N極 ・ S極 が引きつけられる。このことから，鉄くぎの先は ⑨ N極 ・ S極 ，鉄くぎの頭は ⑩ N極 ・ S極 になっていることがわかる。

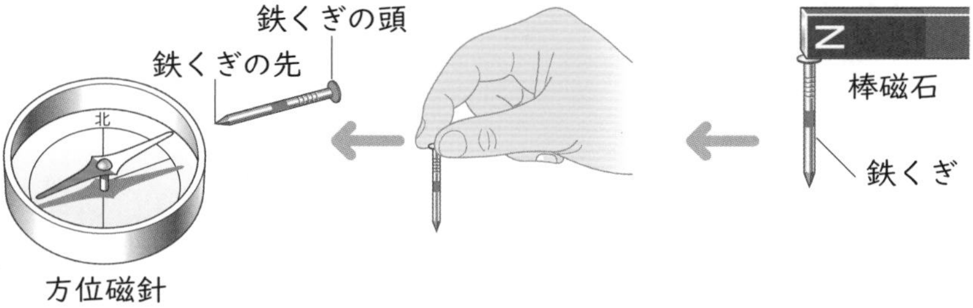

★磁石についた鉄の性質

(11) 磁石についた鉄は ⑪ [　　　] になり，⑪になった鉄は，N極とS極が

⑫ ある ・ ない 。

学習日　　月　　日

33 ふりこのきまり

重要!
➡P.104〜105の問題も解いてみよう!

要点まとめ

解答▶別冊P.14

ふりこ

ふりこのつくり

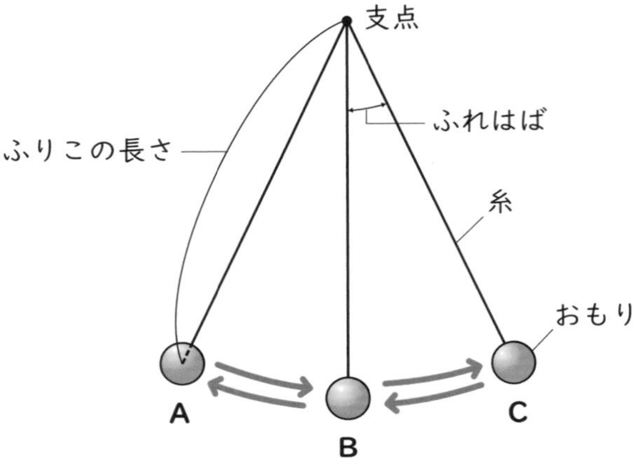

(1) 糸などにおもりをつるして，左右にふれるようにしたものを [①　　　] という。

(2) ふりこの１往復とは，おもりが，[② A→B→C ・ A→B→C→B→A] とふれるときのことである。

当てはまるものを○で囲もう

ふりこが１往復する時間

ふりこが１往復するのにかかる時間の求め方

(3) ふりこが10往復する時間を複数回はかり，ふりこが１往復する時間の平均を求める。

(4) ふりこが10往復するのにかかる時間を３回はかった結果が表のようになったとき，ふりこが１往復するのにかかる時間の平均は，

１回目	14.1秒
２回目	14.3秒
３回目	14.0秒

[③　　　] 秒である。

小数第２位を四捨五入して
小数第１位まで求めよう

ふりこが１往復する時間が何に関係しているかを調べる実験

ふれはばを変える

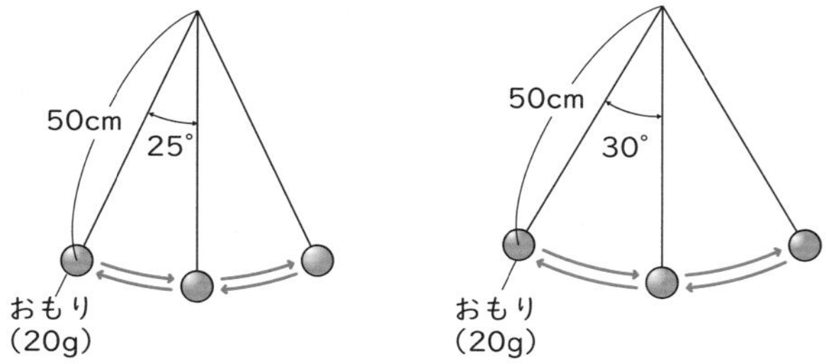

ふれはば	25°	30°
おもりの重さ	20 g	20 g
ふりこの長さ	50cm	50cm
Ｉ往復する時間	1.4秒	1.4秒

当てはまるものを○で囲もう

(5) ふれはばとふりこがＩ往復する時間は関係が ④ ある ・ ない 。

おもりの重さを変える

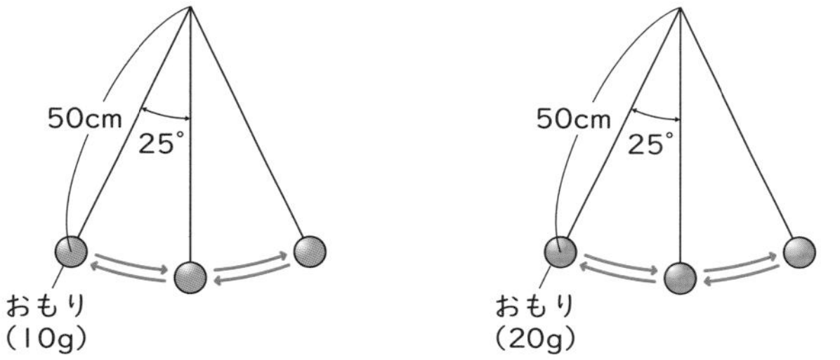

ふれはば	25°	25°
おもりの重さ	10 g	20 g
ふりこの長さ	50cm	50cm
Ｉ往復する時間	1.4秒	1.4秒

(6) おもりの重さとふりこがＩ往復する時間は関係が ⑤ ある ・ ない 。

ふりこの長さを変える

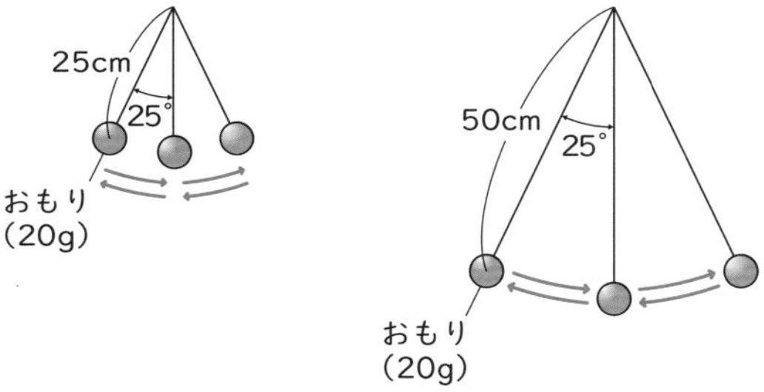

ふれはば	25°	25°
おもりの重さ	20 g	20 g
ふりこの長さ	25cm	50cm
Ｉ往復する時間	1.0秒	1.4秒

(7) ふりこの長さとふりこがＩ往復する時間は関係が ⑥ ある ・ ない 。

ふりこが１往復する時間

(8) ふりこがＩ往復する時間は，⑦ ＿＿＿＿ によって変わる。

(9) ふりこの長さが長いほど，ふりこがＩ往復する時間は ⑧ 長く ・ 短く なる。

問題を解いてみよう！

解答・解説▶別冊 P.14

1 ふりこが1往復する時間を調べるために，次のような実験を行いました。これについて，あとの問いに答えなさい。

〔実験〕 30 gのおもりを使って，ふりこの長さが25cmのふりこをつくり，図のように，ふれはばが25°になるようにして，ふりこをふらせました。表は，ストップウォッチを使って，ふりこが10往復する時間を3回はかった結果をまとめたものです。

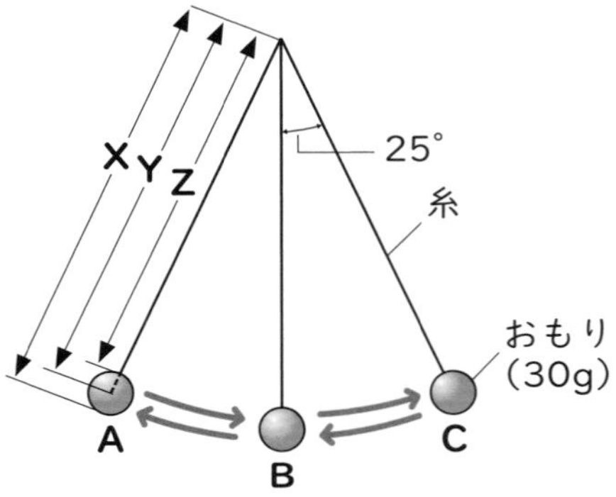

1回目	10.3秒
2回目	10.1秒
3回目	10.2秒

(1) ふりこの長さを表しているのはどれですか。図の**X**～**Z**から1つ選びなさい。

［　　］

(2) 図で，ふりこの1往復とは，おもりがどのように動くときのことですか。次の**ア**～**エ**から1つ選びなさい。

ア **A→B**　　**イ** **A→B→C**

ウ **A→B→C→B**　　**エ** **A→B→C→B→A**

［　　］

(3)〔実験〕で，ふりこが1往復する時間の平均は何秒ですか。小数第2位を四捨五入して，小数第1位まで答えなさい。

［　　秒］

(4)〔実験〕で用いたふりこで，ふれはばを15°にしてふりこをふらせると，ふりこが1往復する時間は，〔実験〕と比べてどのようになりますか。次の**ア**～**ウ**から1つ選びなさい。

ア 長くなる。　**イ** 短くなる。　**ウ** 変わらない。

［　　］

2 ふりこが１往復する時間が何によって変わるかを調べるために，次のような実験を行いました。これについて，あとの問いに答えなさい。

〔実験〕 図のように，おもりの重さ，ふれはば，ふりこの長さをいろいろ変えて，**A**～**D**のふりこを用意して，ふりこが１往復する時間をそれぞれ調べました。表は，その結果をまとめたものです。

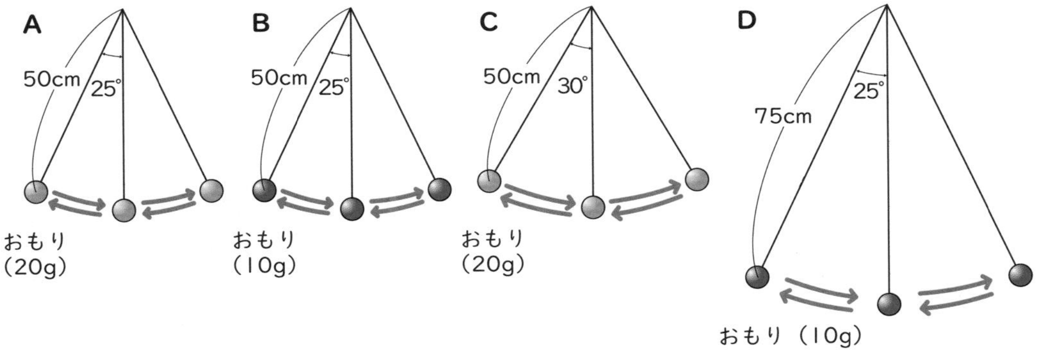

ふりこ	**A**	**B**	**C**	**D**
ふりこが１往復する時間	1.4秒	（ **X** ）	1.4秒	1.7秒

(1)〔実験〕で，次の①，②の関係を調べるには，**A**～**D**のうち，どれとどれの結果を比べればよいですか。あとの**ア**～**カ**から１つ選びなさい。

①ふりこのふれはばとふりこが１往復する時間
②ふりこの長さとふりこが１往復する時間

どの条件が同じふりこの結果を比べればよいのかな？

ア **A**と**B**　　**イ** **A**と**C**　　**ウ** **A**と**D**
エ **B**と**C**　　**オ** **B**と**D**　　**カ** **C**と**D**

①［　　］ ②［　　］

(2)〔実験〕で，表中の（ **X** ）に当てはまるふりこが１往復する時間は何秒ですか。次の**ア**～**エ**から１つ選びなさい。

ア 1.0秒　　**イ** 1.2秒　　**ウ** 1.4秒　　**エ** 1.7秒

［　　］

(3) ふりこが１往復する時間は何によって変わりますか。次の**ア**～**カ**から１つ選びなさい。

ア おもりの重さ　　**イ** ふれはば
ウ ふりこの長さ　　**エ** おもりの重さとふれはば
オ おもりの重さとふりこの長さ　　**カ** ふれはばとふりこの長さ

［　　］

学習日　　月　　日

34 てこのはたらき

重要！
➡P.108～109の問題も解いてみよう！

要点まとめ

解答▶別冊P.15

てこのはたらき

てこのしくみ

(1) 棒をある１点で支え，棒の一部に力を加えてものを動かすことができるものを ① [　　　　] という。

(2) 棒を支えるところを支点，棒に力を加えるところを ② [　　　　]，棒からものに力がはたらくところを ③ [　　　　] という。

てこと手ごたえ

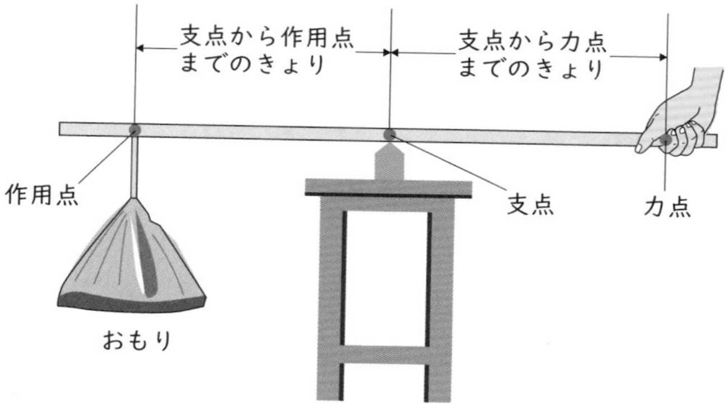

(3) 支点から作用点までのきょりが長くなるほど，手ごたえは

④ [大きく ・ 小さく] なる。　当てはまるものを○で囲もう

(4) 支点から力点までのきょりが長くなるほど，手ごたえは

⑤ [大きく ・ 小さく] なる。

(5) 重いものを小さな力でもち上げるには，支点から作用点までのきょりを

⑥ [長く ・ 短く]，支点から力点までのきょりを

⑦ [長く ・ 短く] すればよい。

てこのつり合い

(6) てこがうでをかたむけるはたらきは，
「力の大きさ（おもりの重さ）×支点からの ⑧ ＿＿＿＿ 」で表すことができる。

(7) てこの左右のうでをかたむけるはたらきが ⑨ ＿＿＿＿ とき，てこは水平につり合う。

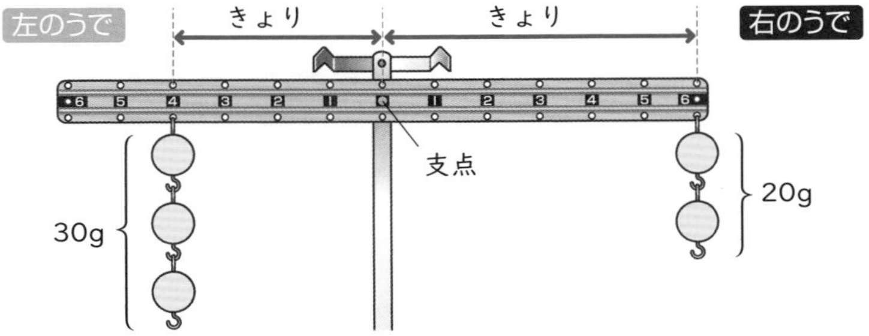

左のうでをかたむけるはたらき
30×4＝120

右のうでをかたむけるはたらき
20×6＝120

てこの利用

てこを利用した道具

支点が力点と作用点の間にある
（例）はさみ，くぎぬき（バール）

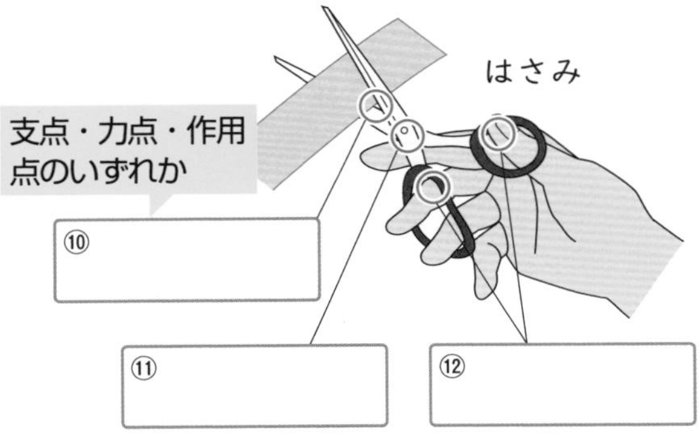

作用点が支点と力点の間にある
（例）せんぬき，空きかんつぶし

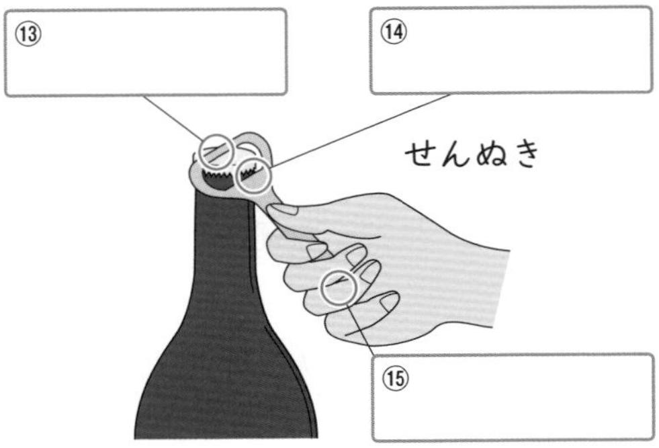

力点が支点と作用点の間にある
（例）ピンセット，トング

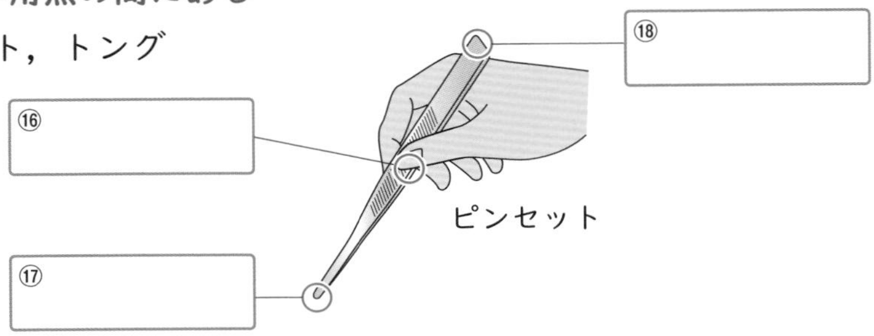

問題を解いてみよう!

解答・解説▶別冊 P.15

1 図のように，棒におもりをつるして，おもりをつるす位置や手の位置を変えておもりを持ち上げ，てこの手ごたえを調べました。これについて，次の問いに答えなさい。ただし，図の点**A**はおもりをつるすところ，点**B**は棒を支えるところ，点**C**は棒に力を加えるところを示しています。

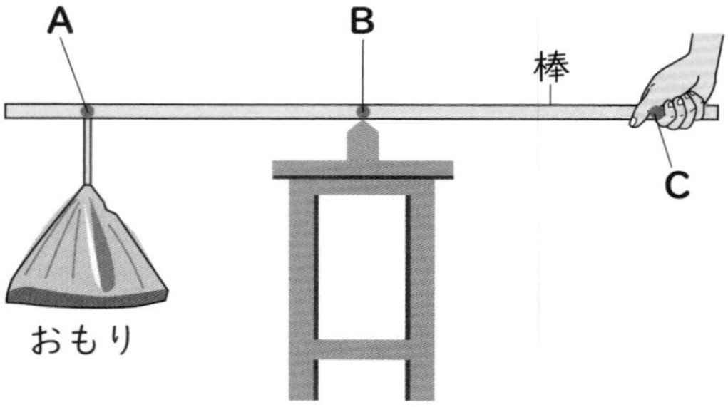

(1) 図の点**A**～**C**をそれぞれ何といいますか。その組み合わせとして適切なものを，次の**ア**～**カ**から１つ選びなさい。

	A	B	C
ア	支点	力点	作用点
イ	支点	作用点	力点
ウ	力点	支点	作用点
エ	力点	作用点	支点
オ	作用点	支点	力点
カ	作用点	力点	支点

[　　]

(2) 図の点**A**，**C**の位置はそのままで，点**B**を点**C**のほうに移動させておもりを持ち上げると，てこの手ごたえは図のときと比べてどうなりますか。次の**ア**～**ウ**から選びなさい。

ア　大きくなる。　**イ**　小さくなる。　**ウ**　変わらない。

[　　]

(3) より小さな力でものを持ち上げるにはどうすればよいですか。次の**ア**～**エ**からすべて選びなさい。

ア　支点から作用点までのきょりをより長くする。
イ　支点から作用点までのきょりをより短くする。
ウ　支点から力点までのきょりをより長くする。
エ　支点から力点までのきょりをより短くする。

[　　]

2 てこのつり合いについて調べるために，実験用てこを使って，次のような実験を行いました。これについて，あとの問いに答えなさい。

〔実験〕 1個10ｇのおもりを用意し，図のように，実験用てこの左のうでの６の位置に１個，右のうでの２の位置に２個つるすと，てこのうでは一方にかたむきました。

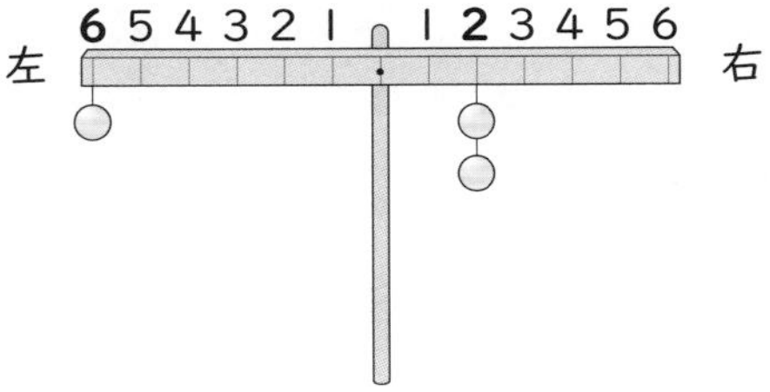

(1)〔実験〕で，てこは左右どちらにかたむきましたか。 [　　]

(2) おもりをつるす位置はそのままで，一方のうでにつるすおもりの数をふやして，てこが水平につり合うようにするには，どちらのうでのおもりにさらに何個のおもりをつるせばよいですか。次の**ア**～**エ**から１つ選びなさい。

ア 左のうでにさらに１個つるす。
イ 左のうでにさらに２個つるす。
ウ 右のうでにさらに１個つるす。
エ 右のうでにさらに２個つるす。

てこのうでをかたむけるはたらきは，どのように求められるかな？

[　　]

(3) つるしたおもりの数はそのままで，一方のうでのおもりの位置を動かして，てこが水平につり合うようにするには，どちらのうでのおもりをどの位置に動かせばよいですか。次の**ア**～**エ**から２つ選びなさい。

ア 左のうでのおもりを２の位置に動かす。
イ 左のうでのおもりを４の位置に動かす。
ウ 右のうでのおもりを３の位置に動かす。
エ 右のうでのおもりを５の位置に動かす。

[　　][　　]

3 ピンセットは，てこを利用した道具です。これについて，次の問いに答えなさい。

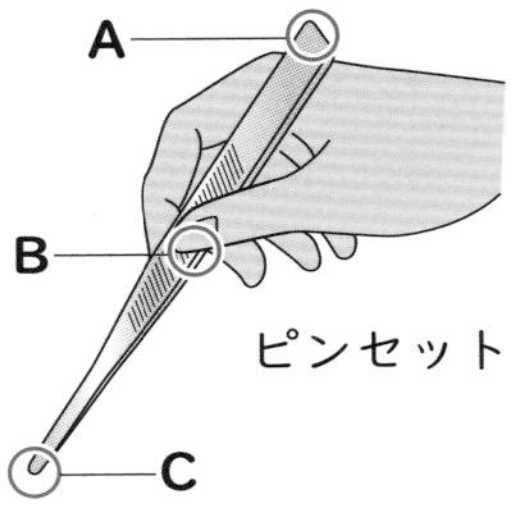

(1) 図の**A**～**C**のうち，支点を表しているものはどれですか。１つ選びなさい。 [　　]

(2) 支点，力点，作用点の並び方が，ピンセットと同じ道具はどれですか。次の**ア**～**エ**から１つ選びなさい。

ア せんぬき　　**イ** はさみ
ウ くぎぬき　　**エ** トング

[　　]

学習日　　月　　日

35 電流のはたらき

重要！
➡P.112〜113の問題も解いてみよう！

要点まとめ

解答▶別冊 P.16

電気の性質

電気を通すもの

(1) 鉄，銅，アルミニウムなどを ① [　　　　] といい，①は電気を

② [通す ・ 通さない]。 当てはまるものを○で囲もう

(2) 紙，プラスチック，木などは電気を ③ [通す ・ 通さない]。

回路と電流

電気の流れ

(3) かん電池の＋極，豆電球，かん電池の－極を導線で輪のようにつなぐと，電気が流れて豆電球に明かりがつく。

この電気の通り道を ④ [　　　　] という。

(4) 回路を流れる電気の流れを ⑤ [　　　　] といい，⑤は，かん電池の ⑥ [＋極 ・ －極] から豆電球を通って ⑦ [＋極 ・ －極] へ流れる。

(5) 電気用図記号を使って回路を表したものを

⑧ [　　　　] という。

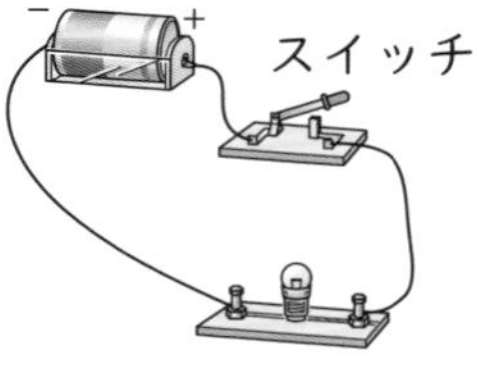

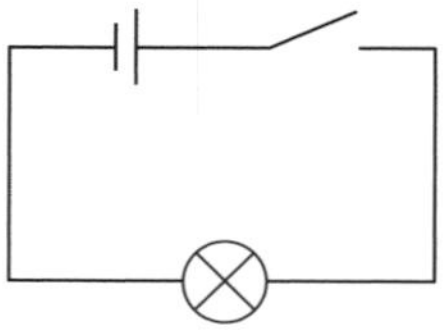

電気用図記号

	かん電池	スイッチ	豆電球	モーター
記号	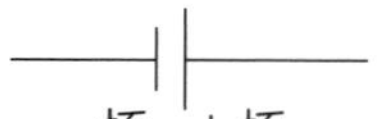 －極　＋極			

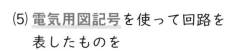

かん電池のつなぎ方とモーター

かん電池とモーターの回り方

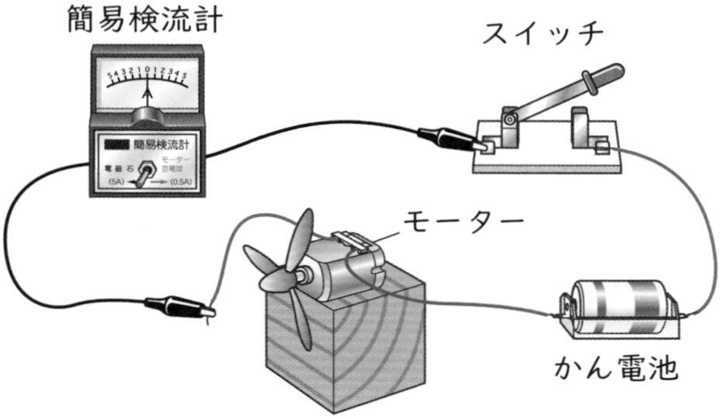

簡易検流計の使い方

1. 回路をつくる。
2. 簡易検流計の切りかえスイッチを「電磁石(５Ａ)」にする。
3. 針のふれる向きと，目盛りを読みとる。　→針のふれた向きが電流の向きになる。
4. 針のふれが小さいときは切りかえスイッチを「モーター 豆電球(0.5Ａ)」にする。

(6) かん電池をつなぐ向きを変えると，電流の向きが

⑨ 変わらない ・ 逆になる　ので，モーターの回る向きは

⑩ 変わらない ・ 逆になる　。

当てはまるものを○で囲もう

かん電池のつなぎ方とモーターの回る速さ

(7) かん電池の＋極と別のかん電池の－極がつながっているつなぎ方を ⑪ ＿＿＿＿ つなぎといい，かん電池の＋極どうし，－極どうしがつながっているつなぎ方を ⑫ ＿＿＿＿ つなぎという。

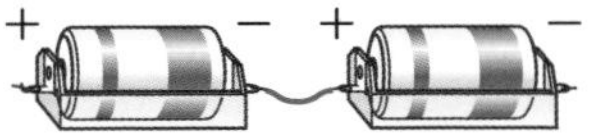

直列つなぎ

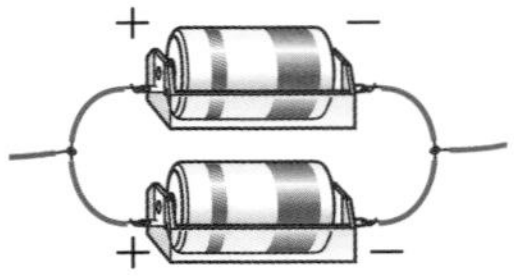

並列（へいれつ）つなぎ

(8) かん電池２個の ⑬ 直列 ・ 並列 つなぎのときは，かん電池１個のときと比べて，流れる電流の大きさは大きくなり，モーターの回る速さは速くなる。

(9) かん電池２個の ⑭ 直列 ・ 並列 つなぎのときは，かん電池１個のときと，流れる電流の大きさはほぼ同じで，モーターの回る速さはほぼ同じになる。

学習日　　月　　日

問題を解いてみよう！

解答・解説▶別冊 P.16

1 電流のはたらきについて調べるために，次のような実験を行いました。これについて，あとの問いに答えなさい。

〔実験１〕 **図１**のように，かん電池，豆電球，スイッチを導線でつなぎ，スイッチを入れて豆電球に明かりをつけました。

〔実験２〕 **図２**のように，かん電池と豆電球を導線でつなぎ，**A**と**B**の間にいろいろなものをつないで，豆電球に明かりがつくかどうかを調べました。

図１

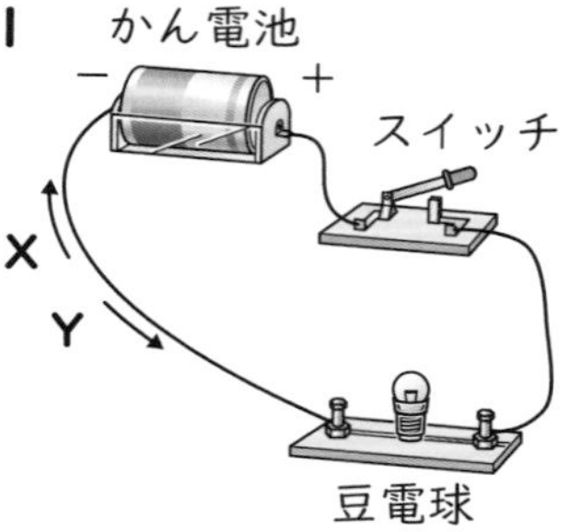

図２

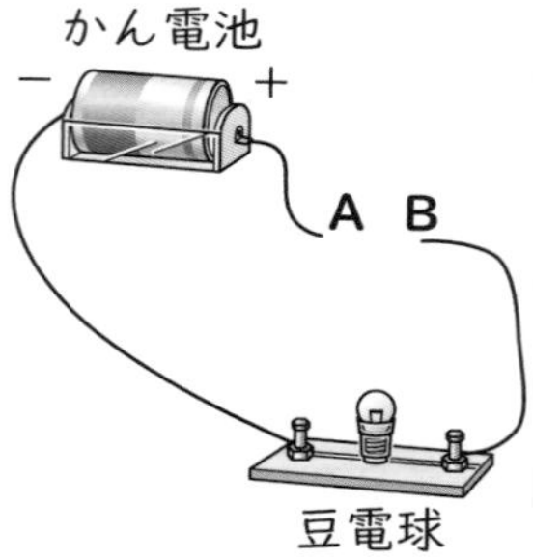

(1)〔実験１〕で，**図１**のように，輪になっている電気の通り道を何といいますか。

［　　　　］

(2)〔実験１〕で，電流が流れる向きは，**図１**の**X**，**Y**のどちらですか。

［　　］

(3) **図１**を電気用図記号を用いて表すとき，かん電池，豆電球を表す記号はどれですか。次の**ア**～**エ**からそれぞれ１つずつ選びなさい。

ア

イ

ウ

エ

かん電池［　　］

豆電球［　　］

(4)〔実験２〕で，豆電球に明かりがついたのは，**図２**の**A**と**B**の間に何をつないだときですか。次の**ア**～**エ**からすべて選びなさい。

ア　プラスチックのスプーン　　**イ**　アルミニウムはく

ウ　ゼムクリップ（鉄）　　**エ**　ガラスのコップ

［　　　　］

2 かん電池のはたらきについて調べるために，次のような実験を行いました。これについて，あとの問いに答えなさい。

〔実験〕 かん電池，スイッチ，モーターを導線でつないで図の**A**～**C**のような回路をつくり，スイッチを入れて，モーターが回る向きやモーターが回る速さを調べました。

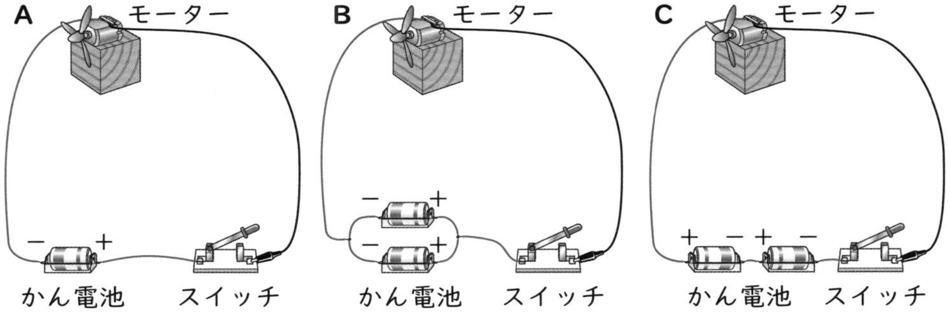

(1) 図の**B**のようなかん電池のつなぎ方を何といいますか。

［　　　　　　　　］

(2)〔実験〕で，モーターが回る向きはどのようになりましたか。次の**ア**～**エ**から１つ選びなさい。

ア **A**と**B**は同じ向きに回ったが，**C**だけ逆向きに回った。

イ **A**と**C**は同じ向きに回ったが，**B**だけ逆向きに回った。

ウ **B**と**C**は同じ向きに回ったが，**A**だけ逆向きに回った。

エ **A**，**B**，**C**とも同じ向きに回った。

［　　］

(3)〔実験〕で，**B**，**C**のモーターが回る速さは，**A**と比べてどのようになりましたか。次の**ア**～**ウ**からそれぞれ１つずつ選びなさい。

ア 速かった。　**イ** おそかった。　**ウ** 同じくらいであった。

かん電池のつなぎ方で，流れる電流の大きさはどのようになるかな？

B［　　］ **C**［　　］

(4) 図の**A**の回路で，かん電池の＋極と－極を入れかえてスイッチを入れると，モーターが回る向きと回る速さはどのようになりますか。次の**ア**～**エ**から１つ選びなさい。

	向き	速さ
ア	逆向きになる。	速くなる。
イ	逆向きになる。	変わらない。
ウ	変わらない。	速くなる。
エ	変わらない。	おそくなる。

［　　］

学習日 月 日

36 電磁石の性質

重要! ➡P.116〜117の問題も解いてみよう!

要点まとめ

解答▶別冊P.17

電磁石の性質

★電磁石

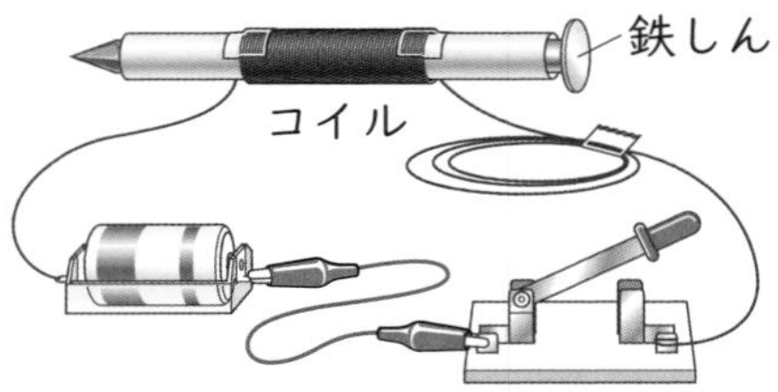

(1) 導線を同じ向きに巻いたものを ① [　　　] といい，①に鉄しんを入れて電流を流すと，鉄しんは鉄を引きつけるようになる。これを ② [　　　] という。

(2) 電磁石は，電流が ③ [流れているときだけ ・ 流れなくなっても] 磁石の性質をもつ。

当てはまるものを○で囲もう

★電磁石の極

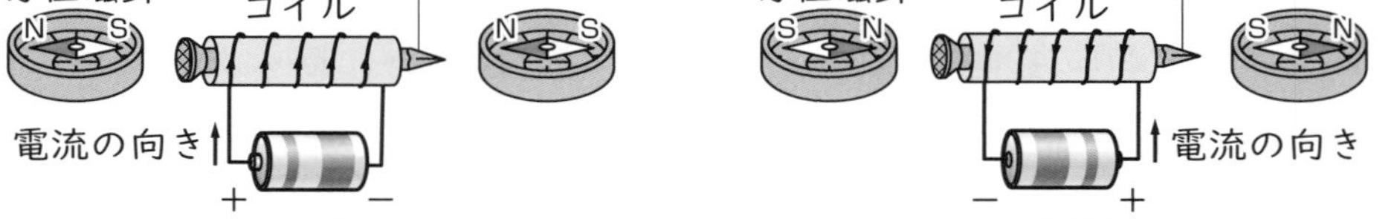

(3) 電磁石には，N極とS極があり，コイルに流れる電流の向きを逆にすると，電磁石のN極とS極は ④ [入れかわる ・ 入れかわらない] 。

電流の大きさ

★電流計

「A」の読み方

(4) 電流の大きさの単位は ⑤ [　　　] （記号：A）で表し，電流計ではかることができる。

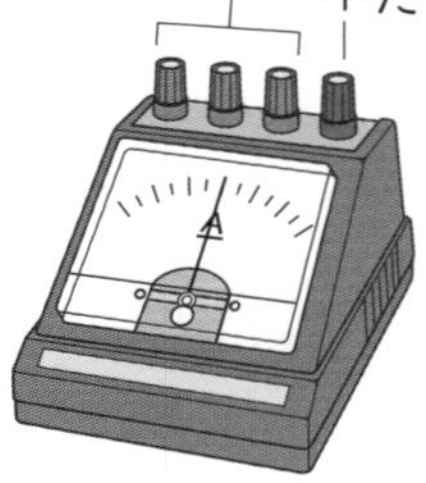

電流計の使い方

1. はかりたい回路に直列つなぎになるようにつなぐ。
2. 電流計の＋たんしとかん電池の＋極側の導線をつなぎ，電流計の－たんしとかん電池の－極側の導線をつなぐ。－たんしは，最初は，５Aの－たんしにつなぐ。
3. 針のふれが小さいときは，－たんしを500mA，50mAの順につなぎかえる。

電磁石の性質

電流の大きさと電磁石の強さ

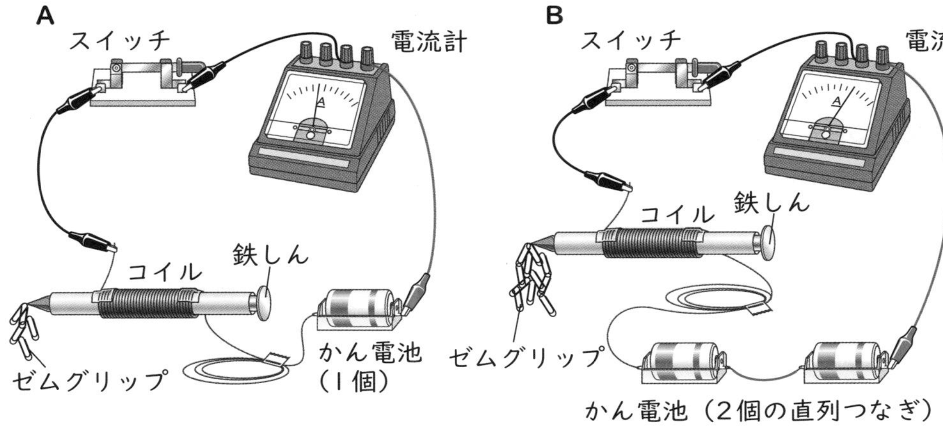

	A	B
電流の大きさ	1.5 A	3.0 A
コイルの巻き数	100回	100回
ゼムクリップの数	5個	11個

(5)コイルを流れる電流が

⑥ 大きい ・ 小さい ほど,

電磁石は強くなる。 当てはまるものを○で囲もう

コイルの巻き数と電磁石の強さ

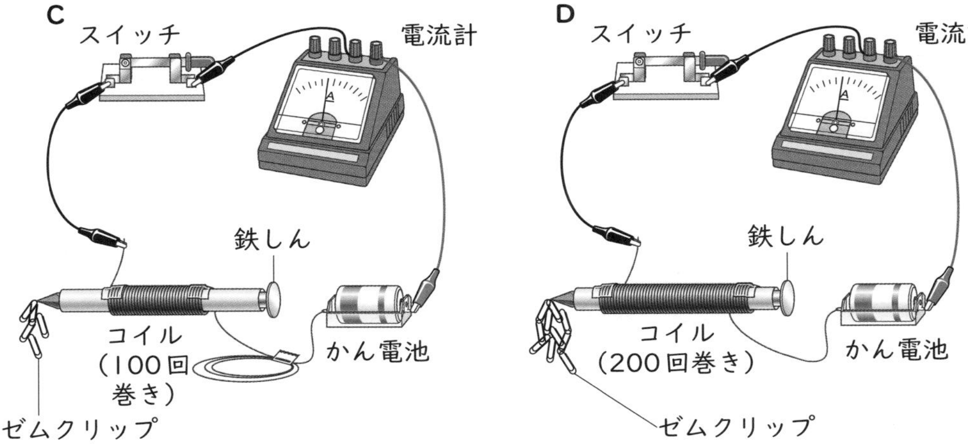

	C	D
電流の大きさ	1.5 A	1.5 A
コイルの巻き数	100回	200回
ゼムクリップの数	5個	10個

(6)コイルの巻き数が

⑦ 多い ・ 少ない ほど,

電磁石は強くなる。

問題を解いてみよう！

解答・解説▶別冊 P.17

1 電流のはたらきについて調べるために，次のような実験を行いました。これについて，あとの問いに答えなさい。

〔実験〕 **図1**のように，中に鉄しんを入れたコイル，かん電池，スイッチを導線でつなぎ，スイッチを入れて電流を流したときの，**A**，**B**の方位磁針の針のふれ方を調べました。**図2**は，このときの**A**の方位磁針のようすを真上から見たものです。

図1

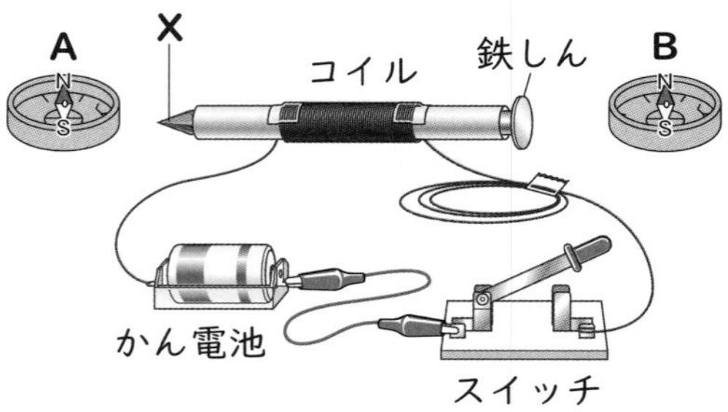

図2

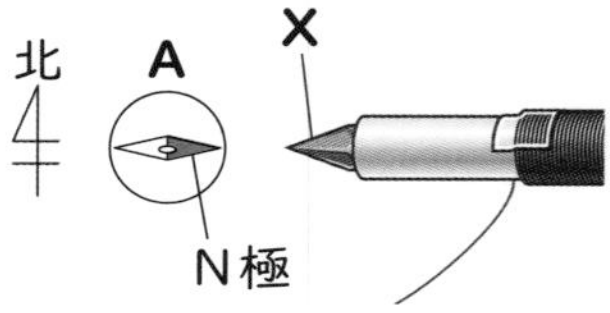

(1)〔実験〕のように，コイルに電流を流して，鉄しんが磁石の性質をもつようになったものを何といいますか。

［　　　　］

(2)〔実験〕で，スイッチを入れて**A**の方位磁針の針が**図2**のようにふれたとき，鉄しんの先の**X**は，N極，S極のどちらになっていますか。

［　　　　］

(3)〔実験〕で，スイッチを入れて**A**の方位磁針の針が**図2**のようにふれたとき，**B**の方位磁針はどのようになっていますか。次の**ア**～**エ**から１つ選びなさい。

［　　　　］

(4)〔実験〕で，スイッチを切ると，**A**の方位磁針の針はどのようになりますか。(3)の**ア**～**エ**から１つ選びなさい。

［　　　　］

(5) **図1**のかん電池の＋極と－極を入れかえてスイッチを入れると，**A**の方位磁針の針はどのようになりますか。(3)の**ア**～**エ**から１つ選びなさい。

［　　　　］

2 電磁石の強さについて調べるために，次のような実験を行いました。これについて，あとの問いに答えなさい。

〔実験〕❶ **図1**のように，中に鉄しんを入れた100回巻きのコイル，かん電池，スイッチ，電流計を導線でつなぎ，スイッチを入れて電流を流し，電流の大きさを調べました。また，鉄しんの先に鉄のゼムクリップが何個引きつけられるか調べました。

❷ **図1**の回路のコイルの巻き数，かん電池の個数とつなぎ方を表の**A**～**D**のように変え，スイッチを入れて電流を流し，鉄しんの先に鉄のゼムクリップが何個引きつけられるか調べました。

図1

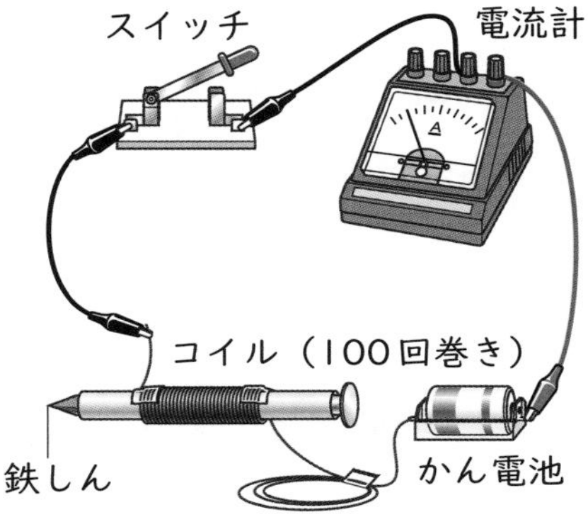

	コイルの巻き数	かん電池の個数とつなぎ方
A	100回	2個の直列つなぎ
B	100回	2個の並列（へいれつ）つなぎ
C	200回	2個の直列つなぎ
D	200回	2個の並列つなぎ

(1)〔実験〕の❶で，電流計をつなぐとき，－たんしは最初にどのたんしにつなぎますか。次の**ア**～**ウ**から1つ選びなさい。

ア 5A　　**イ** 500mA　　**ウ** 50mA

［　　］

(2)〔実験〕の❶で，電流計の針は**図2**のようになりました。電流の大きさは何Aですか。ただし，電流計の－たんしは5Aのたんしを用いたものとします。

［　　A］

図2

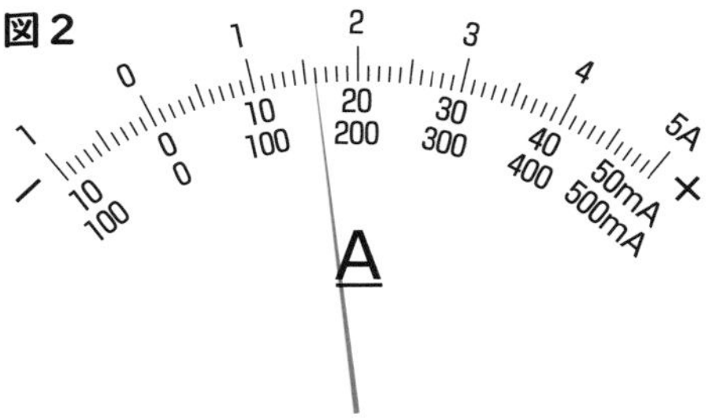

(3)〔実験〕の❷で，鉄しんの先につくゼムクリップの数が，❶とほぼ同じであったものはどれですか。表の**A**～**D**から1つ選びなさい。

［　　］

(4)〔実験〕の❷で，鉄しんの先につくゼムクリップの数が最も多かったものはどれですか。表の**A**～**D**から1つ選びなさい。

［　　］

学習日　　月　　日

37 発電と電気の利用

要点まとめ

解答▶別冊 P.17

電気をつくる

手回し発電機

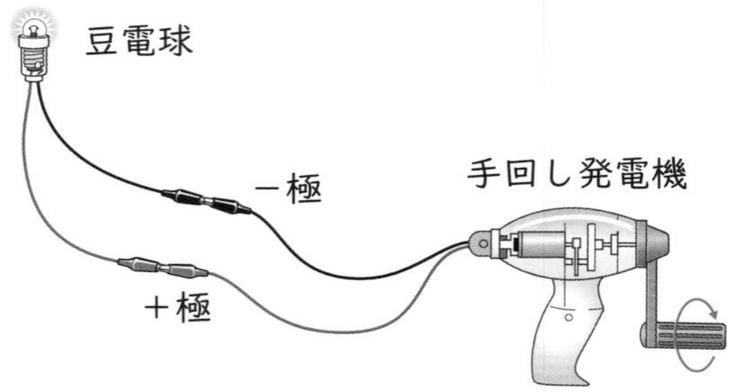

(1) 手回し発電機などを使って，電気をつくることを ①[　　　] という。

(2) 手回し発電機は，ハンドルを回しているときだけ，②[　　　] が流れて豆電球の明かりがつく。

当てはまるものを○で囲もう

(3) 手回し発電機のハンドルを ③[速く ・ ゆっくり] 回すと，流れる電流が大きくなり，豆電球の明かりは ④[明るく ・ 暗く] なる。

(4) 手回し発電機のハンドルを逆向きに回すと，電流が流れる向きは逆向きになる。

光電池

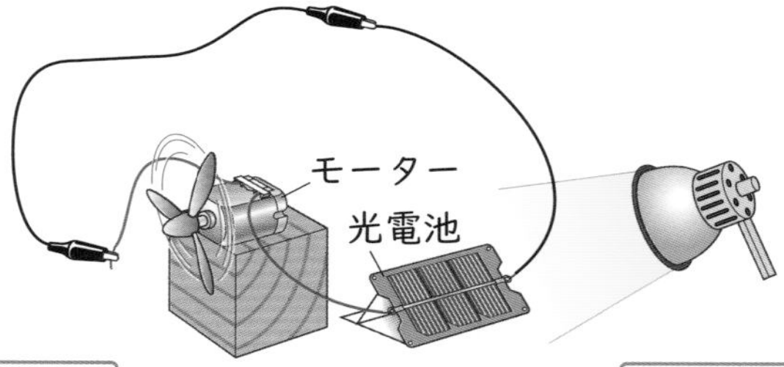

(5) 光電池は，⑤[　　　] を当てているときだけ，⑥[　　　] が流れてモーターが回る。

(6) 光電池に ⑦[強い ・ 弱い] 光を当てると，流れる電流が大きくなり，モーターは速く回る。

(7) 光電池をつなぐ向きを逆向きにすると，電流が流れる向きは逆向きになり，モーターは ⑧[同じ ・ 逆] 向きに回る。

電気の利用

電気をたくわえる

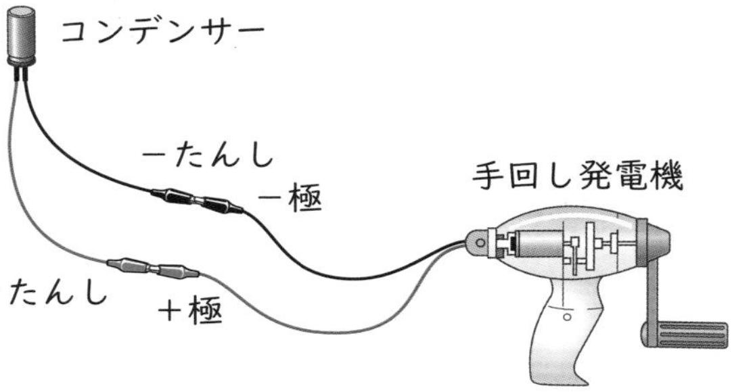

(8) 手回し発電機などで発電した電気は，

⑨［　　　　　　］などに

たくわえることができる。（カタカナ6字）

(9)電気をたくわえることを

⑩［　　　　　　］という。

(10) コンデンサーと手回し発電機をつなぐときは，手回し発電機の＋極とコンデンサーの⑪［＋・－］たんし，手回し発電機の－極とコンデンサーの

当てはまるものを○で囲もう

⑫［＋・－］たんしをつなぐ。

たくわえた電気の利用

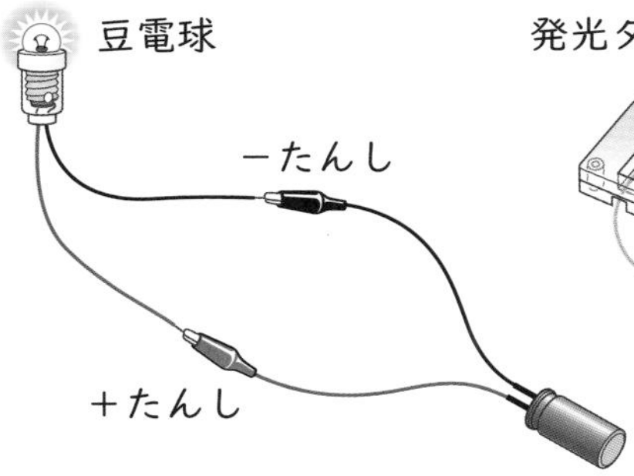

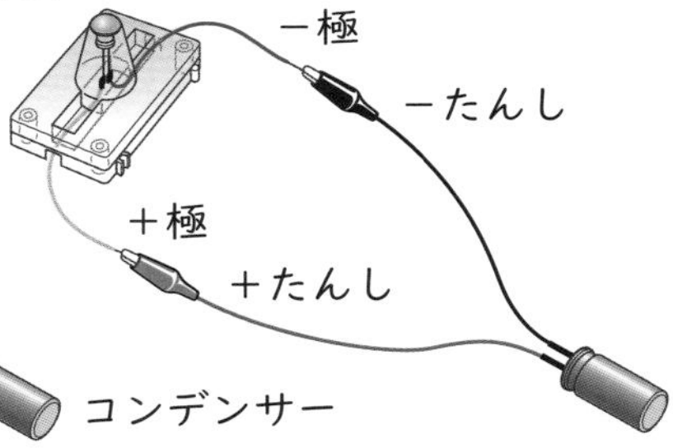

(11) 電気をたくわえたコンデンサーを豆電球や発光ダイオードにつなぐと明かりをつけることができる。

(12) コンデンサーにたくわえた電気の量が同じとき，豆電球より発光ダイオードのほうが明かりがついている時間が⑬［長い・短い］。

電気の利用

(13) 電気は，電灯などの光やスピーカーなどの⑭［　　　　　　］，トースターなどの

⑮［　　　　　　］，モーターなどの運動に変えて利用することができる。

完成テスト

生命・地球編

得点　／100　　学習日　月　日

解答・解説▶別冊 P.18

1 実のでき方について調べるために，アサガオの花を使って，次のような実験を行いました。これについて，あとの問いに答えなさい。　[1つ5点×3]

〔実験〕 次の日に花がさきそうなアサガオのつぼみを２つ選んでおしべをとって，図のように，ふくろをかぶせました。次の日，**A**は花がさいたらふくろを外してめしべの先にアサガオの花粉をつけて，再びふくろをかぶせました。**B**は花がさいてもふくろをかぶせたままにしておきました。花がしぼんだあと，**A**，**B**のふくろを外したところ，一方には実ができましたが，もう一方には実ができませんでした。

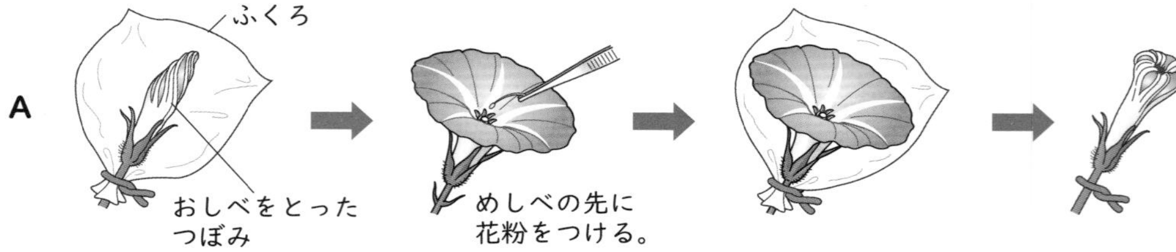

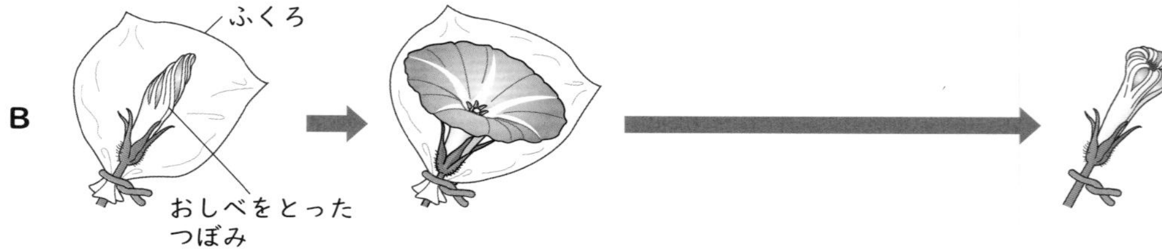

(1)〔実験〕で，ふくろをかぶせる前につぼみのおしべをとったのはなぜですか。次の**ア**～**エ**から１つ選びなさい。

ア　つぼみの中でめしべの先に花粉がつかないようにするため。

イ　おしべがあると実ができないため。

ウ　花が早くさくようにするため。

エ　花がさくのをおくらせるため。　[　　]

(2)〔実験〕で，実ができたのは，**A**，**B**のどちらですか。　[　　]

(3)〔実験〕で，実ができたアサガオの実の中には黒いつぶのようなものが入っていました。この黒いつぶのようなものを何といいますか。

[　　　　]

2 図は，ヒトのからだのつくりを前から見たようすです。これについて，次の問いに答えなさい。 [1つ5点×3]

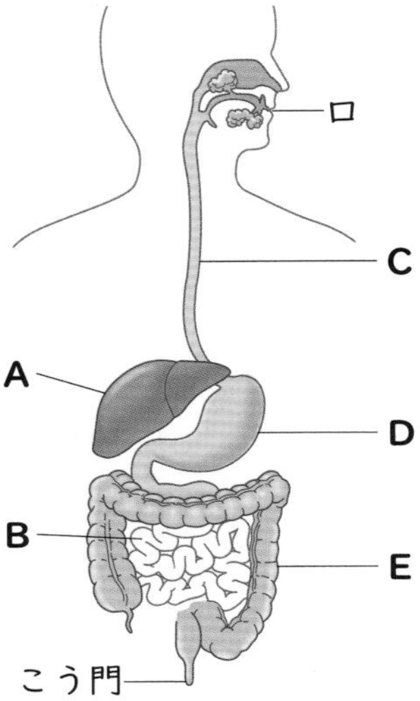

(1)食べ物は，口からこう門までの1本の管を通ります。口からこう門までの食べ物の通り道を何といいますか。 [　　　]

(2)図のA～Eのうち，食べ物が直接通らない部分はどこですか。1つ選びなさい。 [　　　]

(3)図のAの臓器のはたらきとして適当なものを，次のア～エから1つ選びなさい。

ア　養分を吸収する。
イ　吸収された養分を一時的にたくわえる。
ウ　血液を全身に送り出す。
エ　不要になったものを血液中からとり除く。 [　　　]

3 図は，ヒトの血液がからだの中を流れるようすを模式的に表したもので，A～Dは血管を表し，→は血液の流れる向きを表しています。また，Xは呼吸を行う臓器を表しています。これについて，次の問いに答えなさい。 [1つ5点×2]

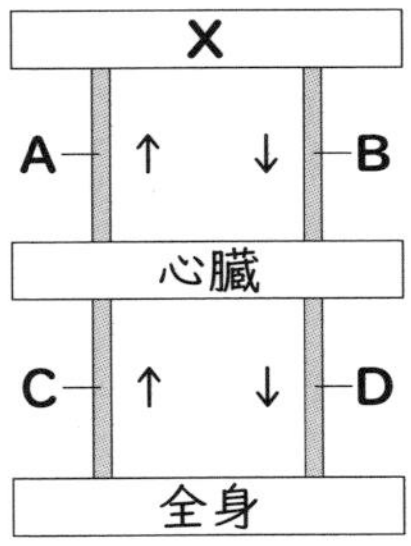

(1)図のXを何といいますか。 [　　　]

(2)図のA～Dのうち，二酸化炭素を多くふくむ血液が流れているのはどれですか。2つ選びなさい。 [　　・　　]

4 図のように，ホウセンカにポリエチレンのふくろをかぶせて日なたにしばらく置くと，ふくろの内側に水てきがつきました。これについて，次の問いに答えなさい。 [1つ5点×2]

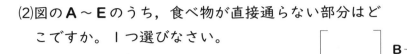

(1)ふくろの内側に水てきがついたことから，ホウセンカのからだから何が出ていったことがわかりますか。次のア～ウから1つ選びなさい。

ア　酸素　　**イ**　二酸化炭素　　**ウ**　水蒸気 [　　　]

(2)植物のからだから(1)が出ていくことを何といいますか。 [　　　]

5 ある連続した３日間の午前９時の雲の量を調べました。表は，その結果をまとめたもので，空全体の広さを10としたときの雲の量を表しています。また，いずれも雨や雪は降っていませんでした。これについて，次の問いに答えなさい。

	１日目	２日目	３日目
雲の量	8	5	10

［1つ5点×3］

(1) ３日間のうち，午前９時の天気が「晴れ」だったのはいつですか。次の**ア**～**エ**から１つ選びなさい。

ア　１日目のみ　　**イ**　１日目と２日目
ウ　１日目と３日目　　**エ**　２日目のみ

［　　］

(2) ３日目は，黒っぽい雲が低い空全体に広がっていました。この雲を何といいますか。次の**ア**～**エ**から１つ選びなさい。

ア　巻雲　　**イ**　高積雲
ウ　積乱雲　　**エ**　乱層雲

［　　］

(3) ３日目の午前９時すぎに，雨が降り始めました。このときの雨の降り方として適当なものを次の**ア**～**エ**から１つ選びなさい。

ア　強い雨が長時間降る。　　**イ**　強い雨が短時間降る。
ウ　弱い雨が長時間降る。　　**エ**　弱い雨が短時間降る。

［　　］

6 日本のある場所で，ある時刻に南の空を観察すると，**図１**のような月が見えました。また，**図２**は，太陽，地球，月の位置関係を表したものです。これについて，あとの問いに答えなさい。

［1つ5点×2］

図１

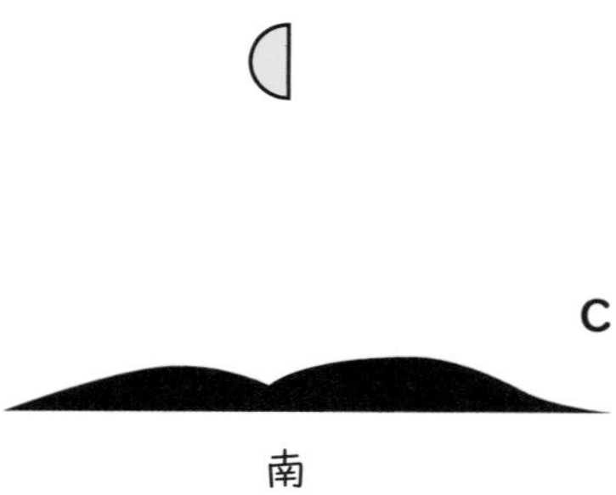

図２

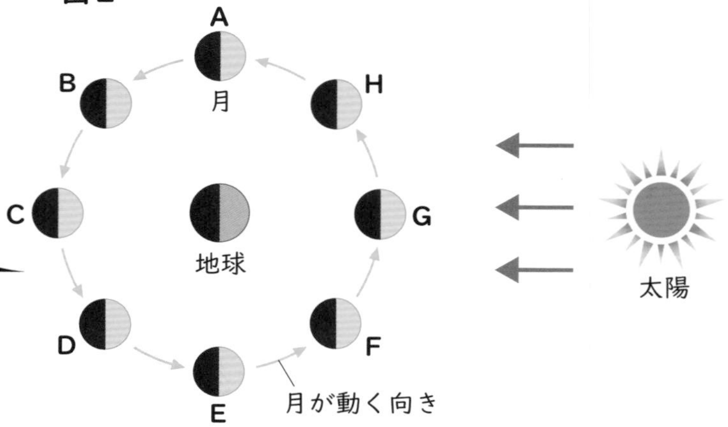

(1)**図１**の月が見えたのは何時ごろですか。次の**ア**～**エ**から１つ選びなさい。

ア　午前０時ごろ　　**イ**　午前６時ごろ

ウ　正午ごろ　　**エ**　午後６時ごろ

[　　]

(2)**図１**の月が見えたとき，月はどの位置にありますか。**図２**の**A**～**H**から１つ選びなさい。

[　　]

7　日本のある場所で，冬のある日の午後９時に南の空を観察すると図のような星座を見ることができました。図中に★で示した星は，どちらも１等星です。これについて，次の問いに答えなさい。

［１つ５点×３］

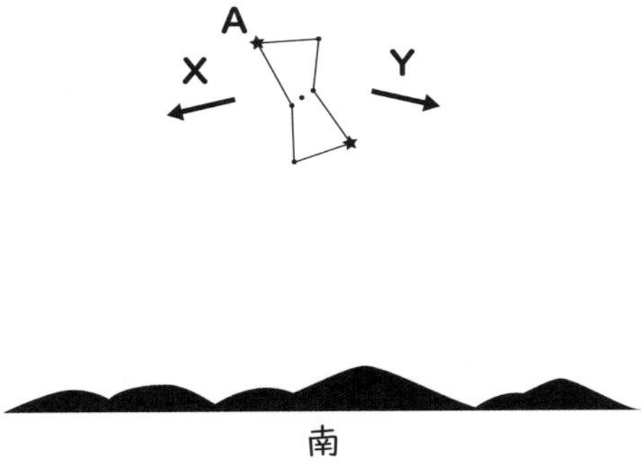

(1)図の星座を何といいますか。

[　　]

(2)図の**A**の１等星は，冬の大三角をつくる星の１つです。この星を何といいますか。

[　　]

(3)１時間後に再び南の空を観察すると図の星座は**X**，**Y**のどちらの方向に動いて見えますか。

[　　]

8　図は，川が曲がって流れているようすを表したものです。これについて，次の問いに答えなさい。　［１つ５点×２］

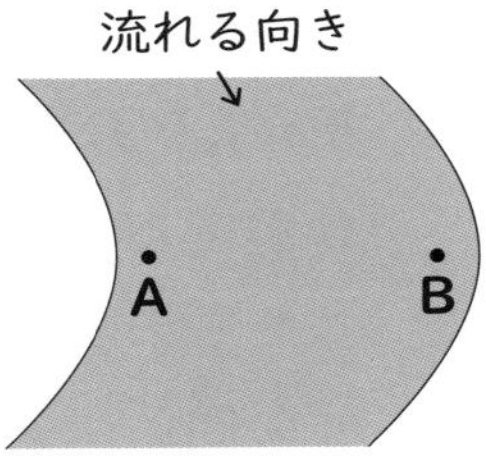

(1)流れる水が土や石を積もらせるはたらきを何といいますか。

[　　]

(2)図の**A**の部分を流れる水の速さと(1)のはたらきは，**B**の部分と比べてどのようになっていますか。次の**ア**～**エ**から１つ選びなさい。

ア　流れる水の速さは速く，(1)のはたらきは大きい。

イ　流れる水の速さは速く，(1)のはたらきは小さい。

ウ　流れる水の速さはおそく，(1)のはたらきは大きい。

エ　流れる水の速さはおそく，(1)のはたらきは小さい。

[　　]

得点 ／100　学習日 月 日

完成テスト

物質・エネルギー編

解答・解説▶別冊 P.20

1 水を熱したときの変化について調べるために，次のような実験を行いました。これについて，あとの問いに答えなさい。 ［1つ5点×2］

〔実験〕 図のように，丸底フラスコに水とふっとう石を入れて熱し，温度変化と水のようすを調べました。水を熱し始めてからしばらくすると，水の中からさかんにあわが出ました。また，丸底フラスコの口から，白いけむりのようなものが見えました。

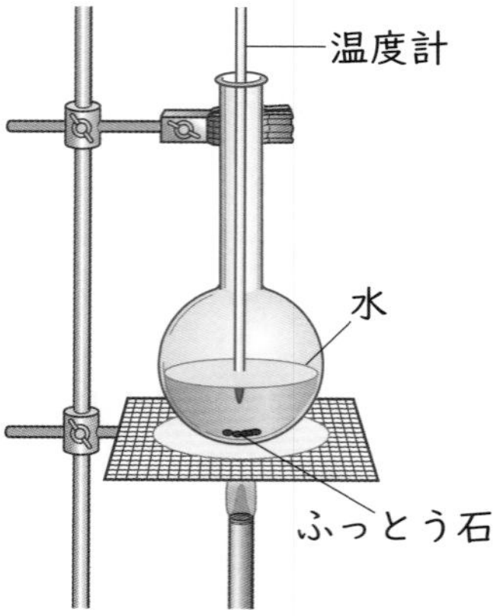

(1)〔実験〕で，水の中からさかんにあわが出ている間，温度はどのようになりますか。次の**ア**～**ウ**から1つ選びなさい。

ア 上がり続ける。　**イ** 下がり続ける。　**ウ** 変わらない。

［　　］

(2)〔実験〕で見えた下線部の白いけむりのようなものは水のどのようなすがたですか。次の**ア**～**ウ**から1つ選びなさい。

ア 気体　**イ** 液体　**ウ** 固体

［　　］

2 もののとけ方について調べるために，次のような実験を行いました。表は，10℃，30℃，50℃の水50mLにとかすことができるホウ酸と食塩の量を表したものです。これについて，あとの問いに答えなさい。

［1つ5点×3］

水の温度〔℃〕	ホウ酸〔g〕	食塩〔g〕
10	1.8	17.9
30	3.4	18.0
50	5.7	18.3

〔実験〕❶50℃の水50mLを入れたビーカー**A**，**B**を用意し，ホウ酸，食塩のいずれかをそれぞれとけるだけとかしました。

❷ビーカー**A**，**B**をゆっくりと冷やしていき，液の温度を10℃まで下げたところ，ビーカー**A**には小さなつぶが出てきましたが，ビーカー**B**には小さなつぶはほとんど出てきませんでした。

(1)〔実験〕の❶で，ビーカー**A**に入れたのは，食塩，ホウ酸のどちらですか。

[　　　　　]

(2)〔実験〕の❷で，ビーカー**A**に出てきたつぶの重さは何gですか。

[　　　　　g]

(3)〔実験〕の❷で，ビーカー**B**に小さなつぶがほとんど出てこなかったのはなぜですか。次の**ア**～**ウ**から1つ選びなさい。

ア　水の温度が下がるととける量がふえるから。

イ　水の温度が下がるととける量がへるから。

ウ　水の温度が下がってもとける量がほとんど変わらないから。

[　　]

3 炭酸水について，次の問いに答えなさい。［1つ5点×3］

(1)炭酸水は何がとけている水溶液(すいようえき)ですか。

[　　　　　　]

(2)炭酸水を青色と赤色のリトマス紙にそれぞれつけると，リトマス紙の色が変わるのはどちらの色のリトマス紙ですか。

[　　　　色]

(3)(2)より，炭酸水は何性であることがわかりますか。

[　　　　性]

4 図のように，空気で満たした集気びんに火のついたろうそくを入れてふたをすると，しばらくしてろうそくの火が消えました。これについて，次の問いに答えなさい。［1つ5点×2］

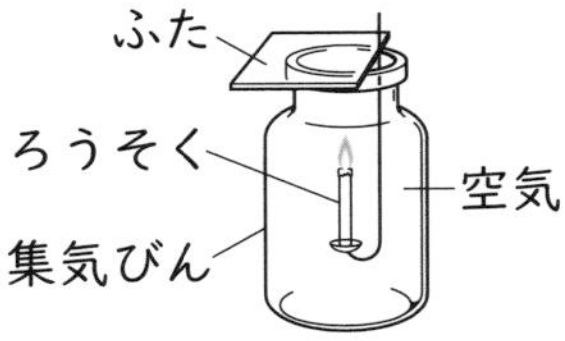

(1)空気中にふくまれる気体のうち，体積の割合が最も大きい気体は何ですか。次の**ア**～**ウ**から1つ選びなさい。

ア　酸素　　**イ**　二酸化炭素　　**ウ**　ちっ素

[　　]

(2)火のついたろうそくを入れる前と比べて，ろうそくの火が消えたあとに集気びんの中の空気にふくまれる気体の体積の割合が小さくなった気体は何ですか。(1)の**ア**～**ウ**から1つ選びなさい。

[　　]

5 ふりこのおもりの重さやふれはば，ふりこの長さを変えて，ふりこが１往復する時間を調べました。表は，その結果をまとめたものです。これについて，あとの問いに答えなさい。 [1つ5点×3]

	A	B	C	D	E
おもりの重さ〔g〕	20	30	40	20	20
ふれはば〔°〕	30	30	15	15	30
ふりこの長さ〔cm〕	25	25	25	50	50
ふりこが１往復する時間〔秒〕	1.0	1.0		1.4	1.4

(1)次の①，②とふりこが１往復する時間との関係を調べるには，**A**～**E**のうち，どれとどれの結果を比べればよいですか。それぞれ２つずつ選びなさい。

①おもりの重さ　　②ふりこの長さ

① [　　と　　] ② [　　と　　]

(2)表の**C**のふりこが１往復する時間は何秒ですか。次の**ア**～**エ**から１つ選びなさい。

ア　1.0秒　　**イ**　1.2秒　　**ウ**　1.4秒　　**エ**　1.7秒

[　　]

6 １個10gのおもりを用意し，図のように，実験用てこの右のうでの３の位置に４個つるしました。これについて，次の問いに答えなさい。 [1つ5点×2]

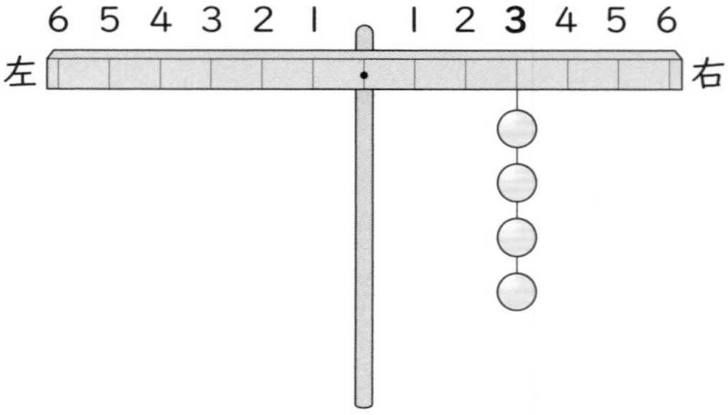

(1)図の実験用てこの左のうでの６の位置に１個10gのおもりを３個つるすと，てこはどうなりますか。次の**ア**～**ウ**から１つ選びなさい。

ア　左にかたむく。　**イ**　右にかたむく。　**ウ**　水平につり合う。

[　　]

(2)図の実験用てこの左のうでの２の位置におもりをつるして，てこを水平につり合わせるには，１個10gのおもりを何個つるせばよいですか。

[　　個]

7 電流のはたらきについて調べるために，次のような実験を行いました。これについて，あとの問いに答えなさい。 [1つ5点×3]

〔実験〕 かん電池，スイッチ，豆電球，検流計を導線でつないで**図1**のような回路をつくり，スイッチを入れたところ，検流計の針が右にふれ，豆電球の明かりがつきました。次に，かん電池を2個にして**図2**のような回路をつくり，スイッチを入れて検流計の針のふれ方と豆電球の明かりのつき方を調べました。

図1

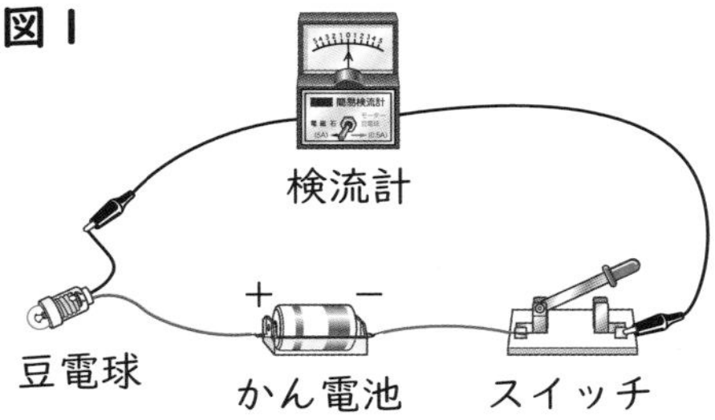

図2

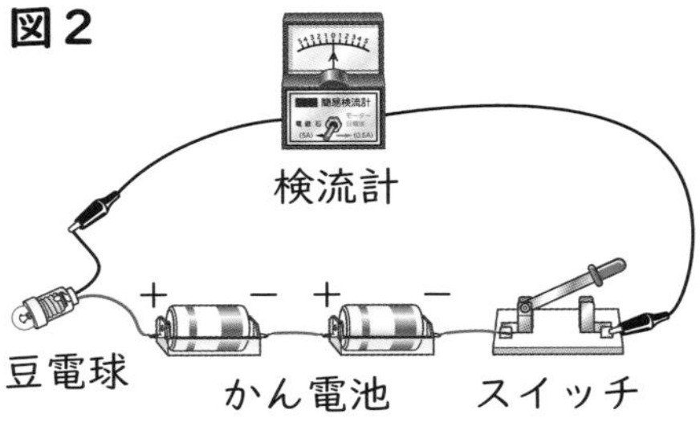

(1)**図2**のようなかん電池のつなぎ方を何といいますか。

[　　　　　　　　]

(2)〔実験〕で，**図2**の回路のスイッチを入れたとき，検流計の針は，左・右のどちらの向きにふれますか。

[　　]

(3)〔実験〕で，**図2**の回路のスイッチを入れたとき，豆電球の明るさは，**図1**のときと比べてどうなりますか。次の**ア**～**ウ**から1つ選びなさい。

ア 明るくなった。 **イ** 暗くなった。 **ウ** 変わらなかった。

[　　]

8 中に鉄しんを入れたコイルとかん電池をつないでコイルに電流を流すと，鉄しんの横に置いた方位磁針の針は図のようになりました。これについて，次の問いに答えなさい。 [1つ5点×2]

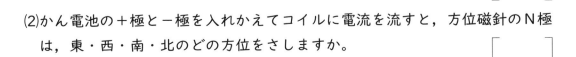

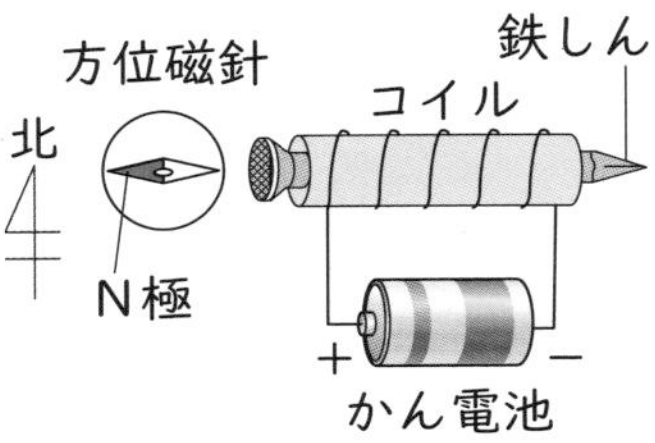

(1)かん電池を外して電流を流すのをやめると，方位磁針のN極は，東・西・南・北のどの方位をさしますか。

[　　]

(2)かん電池の＋極と－極を入れかえてコイルに電流を流すと，方位磁針のN極は，東・西・南・北のどの方位をさしますか。

[　　]

小学校の理科のだいじなところがしっかりわかるドリル

別冊 解答解説

旺文社

❶章 生命

1 器具の使い方(1)

要点まとめ ▶本冊 P.8

①観察するもの ②接眼レンズ
③調節ねじ ④視度調節リング
⑤反射鏡 ⑥対物レンズ
⑦近づける ⑧遠ざけて
⑨スライドガラス ⑩接眼レンズ
⑪逆

問題を解いてみよう! ▶本冊 P.10

1 (1) **ウ** (2) そう眼実体(けんび鏡)
(3) **A**…対物レンズ
B…視度調節リング
C…調節ねじ
(4) **ウ**

解説

(1) 観察するものが動かせないときは,虫めがねを目に近づけて持ち,顔を動かしてはっきり見えるところで止めます。
(2) そう眼実体けんび鏡は,厚みのあるものも立体的に観察することができます。
(3) そう眼実体けんび鏡には接眼レンズが2つあり,目のはばに合わせて使います。ピントを合わせるときは,右目でのぞきながら**C**の調節ねじを回してはっきり見えるようにし,次に左目でのぞきながら**B**の視度調節リングを回してピントを合わせます。
(4) **B, C**ともにピントを合わせるときに使います。

大切 目をいためるので,日光が直接当たるところでは使わないようにします。

2 (1) **a**…レボルバー **b**…反射鏡
(2) **ア** (3) **イ**(→)**エ**(→)**ウ**(→)**ア**
(4) **ウ** (5) **エ**

解説

(1) **a**はレボルバーで,レボルバーを回して対物レンズの倍率をかえます。**b**は反射鏡で,光の量を調整します。
(2) 最初はいちばん低い倍率で観察し,さらにくわしく観察するときは,対物レンズを倍率の高いものにかえます。
(3) 接眼レンズをのぞきながら,反射鏡で明るく見えるようにしてからステージの上にプレパラートをのせます。ピントを合わせるときは,まず,横から見ながら調節ねじを回してプレパラートと対物レンズをできるだけ近づけます。その後,接眼レンズをのぞきながらプレパラートと対物レンズを遠ざけてピントを合わせます。

大切 ピントを合わせるときは,はじめにプレパラートと対物レンズをできるだけ近づけます。

(4) けんび鏡では上下左右が逆に見えるので,観察するものを,動かしたい方向とは逆向きにスライドガラスを動かします。
(5) けんび鏡の倍率は,「接眼レンズの倍率×対物レンズの倍率」で求めることができます。よって,10×40=400より,400倍となります。

2 こん虫の成長とからだのつくり

要点まとめ ▶本冊 P.12

①幼虫 ②さなぎ ③完全変態
④幼虫 ⑤不完全変態
⑥胸 ⑦腹

3 季節と生き物(1)

要点まとめ ▶本冊 P.14

①花　②子葉　③土ごと　④幼虫
⑤卵　⑥南　⑦おたまじゃくし
⑧ふえる　⑨花　⑩幼虫

4 季節と生き物(2)

要点まとめ ▶本冊 P.16

①実　②卵　③南　④芽　⑤種子
⑥卵　⑦成虫　⑧幼虫　⑨土

5 植物の発芽と成長

要点まとめ ▶本冊 P.18

①ある　②ある　③ない　④ある
⑤水　⑥空気　⑦適当な温度
（⑤⑥⑦は順不同）
⑧子葉　⑨でんぷん　⑩ある　⑪ある
⑫日光　⑬肥料（⑫⑬は順不同）

6 花から実へ

要点まとめ ▶本冊 P.20

①がく　②めしべ　③おしべ
④花粉　⑤受粉　⑥こん虫
⑦**A**　⑧**C**　⑨めしべ　⑩種子

問題を解いてみよう！ ▶本冊 P.22

1 (1) **A**…めしべ　**D**…がく
(2) 花粉　(3) 受粉　(4) **A**　(5) 種子
(6) **Y**　(7) **P**

解説

(1)**図1**の花の中心に1本ある**A**はめしべ，そのまわりにいくつかある**B**はおしべで，**C**は花びら，**D**はがくです。

(2)おしべの先についている粉のようなものは花粉です。

(3)花粉がめしべの先につくことを受粉といいます。

(4)(5)受粉すると，めしべのもとのふくらんだ部分が実になり，実の中には種子ができます。

(6)**図2**で，実になる部分がある**Y**がめばな，**X**がおばなです。

大切 ヘチマは，めばなとおばなの2種類の花がさき，めばなにはめしべ，おばなにはおしべがあります。

(7)**図2**のおばなにある**P**がおしべ，めばなにある**S**がめしべです。

2 (1) めばな　(2) **ウ**　(3) **ウ**　(4) **B**

解説

(1)実のでき方を調べるので，実験には実ができるめばなを使います。

(2)知らないうちに花粉がついてしまうと正確な実験結果が得られないので，花粉がつかないように，つぼみにふくろをかぶせておきます。

(3)花粉をめしべの先につけると受粉します。

(4)**A**では受粉が行われず，**B**では受粉が行われたので，**B**に実ができます。

大切 実ができるには受粉することが必要です。

7 メダカの誕生

要点まとめ ▶本冊 P.24

①ない　②ある　③短い　④長い
⑤当たらない　⑥水草　⑦半分くらい
⑧卵（らん）　⑨精子　⑩受精　⑪受精卵（じゅせいらん）
⑫腹

8 ヒトの誕生

要点まとめ ▶本冊 P.26

①約0.14mm　②約0.06mm　③受精
④受精卵（じゅせいらん）　⑤子宮　⑥約38週
⑦約50cm　⑧約3000 g　⑨乳
⑩たいばん　⑪へそのお　⑫羊水

9 からだのつくりと運動

要点まとめ ▶本冊 P.28

①骨　②筋肉　③関節　④ちぢみ
⑤ゆるむ　⑥ゆるみ　⑦ちぢむ
⑧かたくなる

10 動物のつくりとはたらき（1）

要点まとめ ▶本冊 P.30

①A　②B　③でんぷん　④消化
⑤消化液　⑥消化管　⑦かん臓
⑧小腸　⑨食道　⑩胃　⑪大腸
⑫小腸　⑬かん臓

問題を解いてみよう！ ▶本冊 P.32

1 (1) ア　(2) イ
(3) X…だ液　Y…でんぷん

解説

(1)消化液は，ヒトの体温と同じくらいの温度でよくはたらくので，40℃くらいの湯を使います。

(2)(3)でんぷんがふくまれる液にヨウ素液を加えると青むらさき色に変化します。でんぷんのりにだ液を加えた試験管Aでは，でんぷんが別のものに変えられてなくなっているため，ヨウ素液は変化しません。試験管Bにはでんぷんがふくまれているので，青むらさき色に変化します。

大切 でんぷんがなくなったのは，だ液のはたらきであることを確かめるため，だ液のかわりに水を入れた試験管を用意します。

2 (1) イ　(2) エ　(3) 消化管　(4) だ液
(5) E　(6) B

解説

(1)Aは食道，Bはかん臓，Cは大腸，Dは胃，Eは小腸です。

(2)(3)口から入った食べ物は，口→食道→胃→小腸→大腸を通って，残ったものはこう門から出されます。このような食べ物の通り道を消化管といいます。

大切 かん臓も消化にかかわるはたらきをしますが，直接食べ物が通ることはありません。

(4)口の中に出される消化液はだ液で，でんぷんの消化にかかわります。

(5)(6)養分はおもに小腸から吸収され，吸収された養分は，血液によってかん臓に運ばれます。かん臓は養分の一部をたくわえ，必要なときに全身に送り出します。

11 動物のつくりとはたらき（2）

要点まとめ ▶本冊 P.34

①酸素　②二酸化炭素　③呼吸
④気管　⑤肺　⑥酸素　⑦二酸化炭素
⑧心臓　⑨はく動　⑩脈はく
⑪じん臓　⑫にょう

問題を解いてみよう！ ▶本冊 P.36

1 (1) A　(2) イ
(3) P…気管　Q…肺　(4) 酸素

解説

(1)二酸化炭素をふくむ気体に石灰水（せっかいすい）を入れてよくふると，石灰水は白くにごります。

(2)はき出した息のふくろだけ石灰水が白くにごることから，はき出した息には，吸う空気よりも二酸化炭素が多くふくまれることがわかります。石灰水で調べただけでは，酸素についてはわかりません。

(3)口や鼻から吸った空気は，気管を通って肺に運ばれます。

(4)肺では，吸った空気の中から酸素が血液中にとり入れられます。

大切 肺には血管が通っていて，空気中の酸素の一部が血液中にとり入れられ，血液中から二酸化炭素が出されます。

2 (1) **ウ** (2) はく動 (3) 脈はく (4) **ウ**

解説

(1)心臓は筋肉でできていて，ちぢんだりゆるんだりすることで全身に血液を送り出すポンプのようなはたらきをしています。

(2)心臓が規則的にちぢんだりゆるんだりして血液を送り出す動きをはく動といいます。

(3)血液を送り出すときの心臓の動きが血管を伝わってきたものを脈はくといい，手首や首に指を当てることで感じることができます。

(4)酸素は肺でとり入れられるので，肺を通ったあとの**B**の血管と，心臓から全身に送られる**D**の血管を流れる血液中には酸素が多くふくまれます。

3 (1) **X**…じん臓 **Y**…ぼうこう
(2) **イ**

解説

(1)(2)**X**はじん臓，**Y**はぼうこうで，からだの中の不要なものは，じん臓で血液中からとり除かれ，にょうがつくられます。にょうはぼうこうにためられたあと，からだの外に出されます。

12 植物のつくりとはたらき

要点まとめ ▶本冊 P.38

①葉 ②くき ③根 ④**A** ⑤葉
⑥蒸散 ⑦気こう ⑧**B** ⑨日光
⑩二酸化炭素 ⑪酸素 ⑫酸素
⑬二酸化炭素

問題を解いてみよう！ ▶本冊 P.40

1 (1) 縦…**イ** 横…**ウ** (2) **イ** (3) **ア**
(4) 蒸散

解説

(1)植物の根，くき，葉には，決まった水の通り道があります。

(2)葉のついた**B**のホウセンカのふくろの内側には，たくさんの水てきがつきますが，葉をとってくきだけにした**A**のホウセンカのふくろの内側には，あまり水てきがつきません。

(3)葉のついたホウセンカのふくろの内側にたくさんの水てきがつくことから，おもに葉から水がからだの外に出たと考えられます。

大切 水は水蒸気となって葉から出たあと，液体の水にすがたを変えてふくろの内側につきます。

(4)根から吸い上げられた水が，くきを通って葉から水蒸気となって出ていくことを蒸散といいます。

2 (1) **B** (2) **エ** (3) でんぷん (4) **ウ**

解説

(1)ヨウ素液につけて変化が見られるのは，日光に当たった葉です。**A**の葉は日光を当てる前にヨウ素液につけているので色は変わりません。**C**はアルミニウムはくでおおいをしていて日光が当たっていないので色は変わりません。

(2)(3)でんぷんがあると，ヨウ素液につけたとき，青むらさき色に変化します。
(4)Aのように一晩置いた葉にはでんぷんがないことから，BとCの葉も日光を当てる前には，でんぷんはないと考えられます。日光を当てたBにはでんぷんができ，Cにはでんぷんができていないことから，でんぷんがつくられるためには日光が必要なことがわかります。

13 生物どうしのつながり

要点まとめ ▶本冊 P.42

①植物　②動物　③食物連鎖（しょくもつれんさ）　④植物
⑤二酸化炭素　⑥酸素　⑦酸素
⑧二酸化炭素　⑨水蒸気　⑩雨

②章 地球

14 器具の使い方(2)

要点まとめ ▶本冊 P.44

①液だめ　②目　③18　④北　⑤北
⑥南　⑦月日　⑧時刻　⑨北極星
⑩下　⑪9　⑫13　⑬19　⑭東

15 天気と気温・水のゆくえ

要点まとめ ▶本冊 P.46

①当たらない　②よい　③1.2～1.5 m
④百葉箱　⑤大きい　⑥低く　⑦高く
⑧大きい　⑨小さい　⑩した
⑪しなかった　⑫蒸発　⑬水蒸気
⑭水蒸気　⑮結ろ

16 天気の変化

要点まとめ ▶本冊 P.48

①晴れ　②くもり　③乱層雲
④積乱雲　⑤雲画像　⑥アメダス
⑦西から東　⑧夏から秋　⑨南
⑩海上　⑪西　⑫北や東　⑬短い
⑭予報円　⑮右　⑯目

問題を解いてみよう！ ▶本冊 P.50

1 (1) 晴れ　(2) 乱層雲…**エ**　積乱雲…**イ**
(3) **B**(→)**C**(→)**A**　(4) **イ**

解説

(1)天気は雲の量で決めます。空全体の広さを10として，そのうち雲がおおっている空の広さが0～8のときを晴れ，9～10のときをくもりとします。
(2)乱層雲と積乱雲は雨を降らせる代表的な雲です。乱層雲は低い空全体に広がって弱い雨を長時間降らせます。積乱雲は低い空から上へ大きくのびる雲で，かみなりをともなう大雨を降らせることがあります。よく晴れた日に高い空に見られる雲は巻雲(すじ雲)，雲が消えると晴れることが多いのは高積雲(ひつじ雲)です。

(3)日本付近では，雲は西から東へ動くので，雲画像の雲も西から東へと動くような順に並べかえます。

大切 日本付近では，雲は西から東へと動きます。そのため，天気も西から東へと変わります。

(4)アメダスは全国各地の観測所で，雨量，気温，風向と風速などを自動的に計測し集計するシステムです。

2 (1) **ア** (2) **イ** (3) ①予報円 ②**イ** (4) (台風の)目 (5) **エ**

解説

(1)台風は日本のはるか南の海上で発生します。

(2)台風は夏から秋にかけて日本に近づくことが多いです。

(3)**A**はこのあと台風の中心が動いていくと考えられるはんいを表しています。**B**の円は，風速が15m(秒速)以上のはんいを表していて，円が大きいと強い風がふくはんいが広いということがわかります。

(4)台風の雲はうずを巻いていて，中心には雲の少ないところがあります。ここを台風の目といい，風は弱く，雨もあまり降りません。

(5)台風では，強い風で鉄とうや木がたおれたり，大雨でこう水や土砂(どしゃ)くずれが起こったりします。

17 かげと太陽

要点まとめ ▶本冊 P.52

①ある ②反対 ③同じ ④東 ⑤南 ⑥西 ⑦西 ⑧北 ⑨東 ⑩太陽 ⑪短く ⑫高い ⑬高く ⑭日光〔太陽の光〕

18 太陽と月

要点まとめ ▶本冊 P.54

①光 ②太陽 ③クレーター ④東 ⑤南 ⑥西 ⑦新月 ⑧三日月 ⑨満月 ⑩約1か月 ⑪光っている

問題を解いてみよう！ ▶本冊 P.56

1 (1) **ウ** (2) **D** (3) **ウ** (4) **ア** (5) **ア**

解説

(1)右半分が光って見える上弦(じょうげん)の月は，正午ごろ東からのぼり，午後6時ごろ南の空の高いところを通って，真夜中に西にしずみます。

(2)真南にきたとき，月は最も高い位置にあります。このあと西の地平線である右下の方向へ動いていきます。

(3)上弦の月は，曲線のほうを下に，直線になっている部分を上にしてしずみます。

(4)満月は午後6時ごろ東からのぼり，真夜中に南の空の高いところを通って，午前6時ごろ西にしずみます。

(5)上弦の月が見えてからおよそ7日後に満月が見えます。

大切 月は東からのぼり，南の高いところを通り，西にしずみます。月の形はちがっても動き方は同じです。

2 (1) **ウ** (2) **E…オ** **H…エ** (3) **G** (4) **イ**

解説

(1)ボールは月，電灯は太陽に見立てています。

(2)電灯がある側が明るく光って見えます。よって，Eの位置にあるときは**オ**のように，Hの位置にあるときは**エ**のように見えます。
(3)ボールがGの位置にあるとき，電灯の光が当たっているところが観測者から見える位置とは反対側にあるので，観測者からは明るく光る部分は見えません。
(4)太陽は自分で光を出してかがやいていて，月は太陽の光を反射してかがやいています。

19 星の動き

要点まとめ ▶本冊 P.58

①明るい　②星座　③デネブ
④夏の大三角　⑤ベテルギウス
⑥冬の大三角　⑦南　⑧西　⑨北極星
⑩反対　⑪変わる　⑫変わらない
⑬5

問題を解いてみよう! ▶本冊 P.60

1 (1) **ウ**　(2) 夏の大三角
(3) A…**ア**　B…**オ**　(4) **ウ**　(5) **エ**

解説

(1)星は，明るい星から順に，１等星，２等星，…のように分けられています。
(2)(3)(5)Aははくちょう座のデネブ，Bはわし座のアルタイル，Cはこと座のベガで，デネブ，アルタイル，ベガの３つの星を結んでできる三角形を夏の大三角といいます。これらの星は夏に見られます。
大切 こいぬ座のプロキオン，オリオン座のベテルギウス，おおいぬ座のシリウスを結んでできる三角形を冬の大三角といいます。
(4)デネブ，アルタイル，ベガはすべて白色をしています。

2 (1) 東の空…**X**　南の空…**Z**
(2) **X**…**a**　**Y**…**c**　**Z**…**e**

解説

(1)東の空の星は，東のほうから南のほうへ右上がりに動いて見え，南の空の星は，東のほうから西のほうへ動いて見えます。よって，Xは東の空，Yは西の空，Zは南の空のようすです。
(2)東の空(X)の星は右上がりに動いて見えるのでa，西の空(Y)の星は右下がりに動いて見えるのでc，南の空(Z)の星は東から西に動いて見えるのでeの向きになります。

3 (1) **エ**
(2) Aの星…北極星
星座B…カシオペヤ座
(3) **X**

解説

(1)(2)星座Bはカシオペヤ座で，北の空に見られます。Aの星は，１時間後も位置がほぼ変わらなかったので北極星です。
(3)北の空の星は，北極星(A)を中心に時計の針と反対の向きに回っているように見えるので，Xの向きに動いて見えます。
大切 北の空の星は，北極星を中心に時計の針と反対の向きに回っているように見えます。

20 流れる水のはたらき

要点まとめ ▶本冊 P.62

①高い　②低い　③大きい　④砂場の砂
⑤短い　⑥しん食　⑦運ぱん　⑧たい積
⑨大きく　⑩速く　⑪おそく　⑫速く
⑬深く　⑭おそく　⑮浅く
⑯丸みのある　⑰速い　⑱おそい

⑲しん食　⑳たい積　㉑大きく
㉒小さく

問題を解いてみよう！ ▶本冊 P.64

1 (1) **ア**　(2) **イ**　(3) **ア**

解説

(1)砂場の砂のほうが校庭の土よりつぶが大きいです。
(2)(3)砂や土のつぶが大きいほうが水がしみこみやすいので，〔実験〕ですべての水がしみこむのには，校庭の土のほうが時間がかかります。

2 (1) **ア**　(2) しん食　(3) **A**　(4) **エ**
(5) ① **P**　② **ウ**

解説

(1)流れる水の速さは，山の中では速く，平地ではおそくなっています。
(2)(3)流れる水が地面をけずるはたらきをしん食といい，水の流れが速いほどはたらきが大きくなります。

大切 流れる水のはたらきには，しん食，運ぱん，たい積があります。しん食や運ぱんのはたらきは，水の流れが速いときに大きくなり，たい積のはたらきは水の流れがおそいときに大きくなります。

(4)山の中では大きく角ばった石が多く，平地では小さく丸い石が多くなっています。
(5)川の曲がっているところでは，内側より外側のほうが流れが速くなっています。よって，外側の川底がけずられて断面のようすは**ウ**のようになります。

21 大地のつくりと変化

要点まとめ ▶本冊 P.66

①地層　②化石　③れき　④砂　⑤どろ
⑥大きい　⑦でい岩　⑧角ばっている
⑨断層

③章　物質

22 器具の使い方(3)

要点まとめ ▶本冊 P.68

①真横　②へこんだ部分　③空気
④ガス　⑤ガス　⑥空気　⑦青色
⑧空気　⑨ガス　⑩同じ
⑪ピンセット　⑫左　⑬右　⑭左右
⑮左　⑯右　⑰気体検知管
⑱気体採取器

問題を解いてみよう! ▶本冊 P.70

1 (1) メスシリンダー　(2) **イ**

解説

(1)図は液の体積をはかるときに使う器具で，メスシリンダーといいます。
(2)目盛りは液面のへこんだ下の面を真横から読みます。

2 (1) 上皿(てんびん)　(2) 調節ねじ
(3) 右(の皿)　(4) 64.6(g)

解説

(1)上皿てんびんは分銅を使ってものの重さをはかることができます。
(2)**X**は調節ねじで，うでがつり合っていないときは調節ねじを回して調節します。
(3)ものの重さをはかるときには，重さをはかるものを左の皿に，分銅を右の皿にのせます。

大切　右ききの人の場合，ものの重さをはかるときには右の皿に分銅，決めた重さのものをはかりとるときには右の皿にはかりとるものをのせます。

(4)分銅の重さを合計すると，
50＋10＋2＋2＋0.5＋0.1＝64.6〔g〕になります。

3 (1) **A**…空気調節ねじ
B…ガス調節ねじ
(2) **Q**　(3) **イ**　(4) **ア**
(5) **ウ**(→)**エ**(→)**イ**(→)**ア**

解説

(1)上のねじが空気調節ねじ，下のねじがガス調節ねじです。
(2)ねじは上から見て，反時計回りに回すと開きます。
(3)ガス調節ねじを開けて火をつけてほのおの大きさを調節したあと，空気調節ねじを開けます。

大切　火をつけるときには，元せん，コック，ガス調節ねじ，空気調節ねじの順に開けます。

(4)空気が不足しているとほのおはオレンジ色をしているので，空気調節ねじを開けて青色のほのおにします。
(5)火を消すときには，火をつけるときと反対に，空気調節ねじ，ガス調節ねじ，コック，元せんの順に閉じます。

4 (1) 気体検知管　(2) 21(%)

解説

(1)**図1**の**X**は気体検知管で，酸素用検知管や二酸化炭素用検知管があります。
(2)色のこさが変わっているので，中間のこさのところの目盛りを読みとります。

23 閉じこめた空気と水

要点まとめ ▶本冊 P.72

①下がる　②できる　③大きく
④上がる　⑤小さくなる　⑥大きく
⑦変わらない　⑧できない
⑨変わらない

問題を解いてみよう！ ▶本冊 P.73

①イ　②ウ

解説

水は力を加えても体積は変わらないが，空気は力を加えると体積が小さくなるので，水面の目盛りの位置は変わらないが，ピストンの目盛りの位置は下がります。

24 もののあたたまり方

要点まとめ ▶本冊 P.74

①上　②上
③あたためられた部分が動いて
④上　⑤上　⑥下
⑦あたためられた部分が動いて
⑧C(→)B(→)A　⑨Z(→)X(→)Y
⑩熱した部分から順に熱が伝わって

25 ものの温度と体積

要点まとめ ▶本冊 P.76

①体積　②熱する　③冷やす　④大きく
⑤小さく　⑥小さい　⑦上がる
⑧下がる　⑨上がる　⑩下がる
⑪大きく　⑫小さく　⑬大きい

問題を解いてみよう！ ▶本冊 P.78

1 (1) ウ　(2) イ　(3) イ

解説

(1)金属は熱すると体積が大きくなります。金属の玉が輪を通らなくなったのは，金属の玉の体積が大きくなったからです。

大切 金属は熱すると体積が大きくなります。

(2)(3)金属の玉が再び輪を通るようにするには，冷やして，体積を小さくします。

2 (1) A…上　C…上　(2) B　(3) ア
(4) イ

解説

(1)空気も水もあたためると体積が大きくなるので，Aの色水の位置，Cの水面の位置はどちらも上に動きます。

(2)空気も水も冷やすと体積が小さくなるので，Bの色水の位置，Dの水面の位置はどちらも下に動きますが，水よりも空気のほうが体積変化が大きいので，Bのほうが大きく動きます。

(3)空気はあたためると体積が大きくなり，冷やすと体積が小さくなります。

大切 空気も水も，あたためると体積が大きくなり，冷やすと体積が小さくなります。

(4)温度による体積変化は，水よりも空気のほうが大きくなります。

26 水のすがた

要点まとめ ▶本冊 P.80

①ふっとう　②100　③変わらない
④水蒸気　⑤蒸発　⑥湯気　⑦0
⑧変わらない　⑨大きく　⑩気体
⑪液体　⑫固体

問題を解いてみよう！ ▶本冊 P.82

1 (1) ウ　(2) 100(℃)　(3) 湯気
(4) X…ウ　Y…イ　(5) イ

解説

(1)水が急にふっとうするのを防ぐため，水にふっとう石を入れて熱します。

(2)水が中からさかんにあわを出すことをふっとうといいます。水はおよそ100℃でふっとうします。

(3)(4)Xでは水が気体の水蒸気になっていて，Yでは水蒸気が空気中で冷やされて目に見える液体(水のつぶ)になっています。この水のつぶを湯気といいます。

大切 液体を熱すると気体になり，気体を冷やすと液体になります。

(5)水は水蒸気になって空気中に出ていくので，フラスコの中の水の量はへります。

2 (1) 0(℃) (2) **イ**
(3) 8分後…**イ** 12分後…**ウ**
(4) **ア**

解説

(1)(2)水はおよそ0℃でこおり始めるので，**図2**より，水を冷やし始めてからおよそ3分後にこおり始めたことがわかります。

(3)0℃で温度が一定の間は，水と氷が混ざっていますが，すべて氷になると温度が0℃から下がり始めます。

大切 水がこおり始めてからすべて氷になるまでの間，温度は0℃のまま変わりません。

(4)水は氷になると体積が大きくなります。

27 もののとけ方

要点まとめ ▶本冊 P.84

①水溶液(すいようえき) ②210 ③水
④ちがいがある ⑤ふやす ⑥上げる
⑦蒸発 ⑧冷やす ⑨ろ紙 ⑩ろ過
⑪長い

問題を解いてみよう! ▶本冊 P.86

1 (1) **ア，ウ** (2) 水溶液 (3) 110(g)

解説

(1)(2)ものが水の中で均一に広がって，すき通った液になることを「ものが水にとけた」といい，ものが水にとけた液を水溶液といいます。

(3)「水溶液の重さ＝水の重さ＋とけたものの重さ」で求められます。よって，100＋10＝110〔g〕となります。

2 (1) **イ，ウ** (2) **イ**

解説

(1)図より，水の温度が10℃のときも60℃のときも，とける量はホウ酸よりミョウバンのほうが多いことがわかります。また，ミョウバンもホウ酸も水の温度が高いほどとける量は多くなっています。

(2)10℃の水50mLにとける食塩は，図より約18gです。これより，10℃の水20mLを加えたときにとける食塩の量は，

$18 \times \dfrac{(50+20)}{50} = 25.2$〔g〕

10℃の水50mLを加えたときにとける食塩の量は，$18 \times \dfrac{(50+50)}{50} = 36$〔g〕

よって，10℃の水50mLを加えるととけ残りはすべてとけます。食塩は水の温度を上げてもとける量はあまり変わりません。

大切 食塩は，水の温度を上げてもとける量はほとんど変わりません。

3 (1) **A** (2) 9.3(g) (3) **ア**

解説

(1)(2)表より，20℃の水50mLにとけるミョウバンは5.7gなので，液の温度を20℃まで下げると，15－5.7＝9.3〔g〕のつぶが出てきます。食塩は，20℃の水50mLに17.9gとけるので，液の温度を下げてもつぶは出てきません。

大切 ミョウバンは，水の温度によってとける量が大きく異なるので，水の温度を下げるととけているものをとり出すことができます。

(3)ろうとのあしの長いほうをビーカーのか

べにつけ，液はガラス棒を伝わらせて少しずつ注ぎます。

28 水溶液の性質

要点まとめ ▶本冊 P.88

①固体 ②気体 ③二酸化炭素 ④酸性 ⑤アルカリ性 ⑥中性 ⑦黄色 ⑧緑色 ⑨青色 ⑩とけない ⑪とけない ⑫出しながら ⑬出しながら ⑭白色 ⑮出さずに ⑯とける ⑰ちがう

問題を解いてみよう！ ▶本冊 P.90

1 (1) A…イ C…ウ (2) 二酸化炭素 (3) アルカリ(性) (4) A，D

解説

(1)水溶液Aは，実験１でにおいがしたので，うすい塩酸です。うすい塩酸はにおいのある気体がとけている水溶液です。水溶液B，Cは，実験１でにおいがせず，実験２で白い固体が残ったので，食塩水，石灰水のいずれかとわかります。実験３で，水溶液Bは赤色リトマス紙の色が変化せず，水溶液Cは青色に変化したので，水溶液Bは食塩水，水溶液Cは石灰水です。よって，水溶液Dは炭酸水です。

大切 気体がとけている水溶液を熱すると，気体が空気中に出ていくので，あとに何も残りません。

(2)水溶液Dは炭酸水で，炭酸水は二酸化炭素がとけている水溶液です。

(3)赤色リトマス紙を青色に変化させる水溶液はアルカリ性で，青色リトマス紙を赤色に変化させる水溶液は酸性です。どちらのリトマス紙も色が変化しない水溶液は中性です。

(4)うすい塩酸，炭酸水は酸性，食塩水は中性，石灰水はアルカリ性の水溶液です。

2 (1) イ (2) ア (3) イ (4) ア

解説

(1)アルミニウムは銀色ですが，塩酸にアルミニウムがとけた液から出てきた固体は白色です。

(2)アルミニウムは水にとけませんが，塩酸にアルミニウムがとけた液から出てきた固体は水にとけます。

(3)アルミニウムはうすい塩酸にあわを出しながらとけますが，塩酸にアルミニウムがとけた液から出てきた固体はうすい塩酸にあわを出さずにとけます。

(4)塩酸にアルミニウムがとけた液から出てきた固体は，色や，水やうすい塩酸に入れたときのようすがアルミニウムとはちがうので，アルミニウムは塩酸によって別のものに変化したことがわかります。

29 ものの燃え方

要点まとめ ▶本冊 P.92

①C ②D(①②は順不同)
③A ④B(③④は順不同)
⑤入れかわる ⑥Y
⑦X ⑧Z(⑦⑧は順不同)
⑨酸素 ⑩小さく ⑪大きく
⑫白くにごる ⑬酸素 ⑭二酸化炭素

問題を解いてみよう！ ▶本冊 P.94

1 (1) B…ア C…ウ (2) ウ (3) B, D

解説

(1)口だけが開いている集気びんにはけむりは流れこみますが，底だけが開いている集気びんにはけむりが流れこみません。

(2)口と底が開いている集気びんでは，けむりは底から流れこみ，口から出ていきます。

大切 ものが燃えたあとの空気は，集気びんの口から出ていきます。
(3)けむりが集気びんに流れこんでいるB，Dの場合，ろうそくは燃え続けます。ものが燃え続けるためには，空気が入れかわり，新しい空気にふれることが必要です。

2 C，D

解説

ちっ素と二酸化炭素には，ものを燃やすはたらきがないので，火はすぐに消えます。空気にはものを燃やすはたらきがある酸素がふくまれているので，ろうそくはしばらく燃えます。

3 (1)（例）白くにごった。 (2) **イ**

解説

(1)ものが燃えると二酸化炭素ができるので，石灰水（せっかいすい）は白くにごります。
(2)ものが燃えると空気中の酸素の一部が使われて，二酸化炭素ができるので，空気中の酸素の割合が小さくなり，二酸化炭素の割合が大きくなります。

大切 ろうそくの火が消えたあとの空気にも酸素はふくまれています。

④章 エネルギー

30 光や音の性質

要点まとめ ▶本冊 P.96

①できる ②進む ③明るく
④高く ⑤明るく ⑥高く ⑦B
⑧A ⑨B ⑩A ⑪明るく ⑫熱く
⑬小さい ⑭止まる ⑮大きく
⑯小さい ⑰いる

31 風やゴムの力

要点まとめ ▶本冊 P.98

①動く ②変わる ③強い ④できる
⑤大きく ⑥小さく ⑦風力 ⑧する
⑨動く ⑩変わる ⑪長い ⑫できる
⑬大きく ⑭小さく

32 磁石の力

要点まとめ ▶本冊 P.100

①鉄 ②つかない ③極
④しりぞけ合う ⑤引き合う
⑥はなれない ⑦つく
⑧S極 ⑨N極 ⑩S極
⑪磁石 ⑫ある

33 ふりこのきまり

要点まとめ ▶本冊 P.102

①ふりこ ②**A→B→C→B→A**
③1.4 ④ない ⑤ない ⑥ある
⑦ふりこの長さ ⑧長く

問題を解いてみよう! ▶本冊 P.104

1 (1) **Y** (2) **エ** (3) 1.0(秒) (4) **ウ**

解説

(1)ふりこの長さは，支点からおもりの中心までの長さです。

(2)**A**からふれたおもりが**A**にもどってくるまでを１往復といいます。

(3) 10往復するのにかかる時間の平均は（10.3＋10.1＋10.2）÷3＝10.2〔秒〕なので，１往復する時間の平均は10.2÷10＝1.02〔秒〕です。よって，1.0秒です。

(4)ふれはばが小さくなっても，ふりこが１往復する時間は変わりません。

大切 ふれはばが変わっても，ふりこが１往復するのにかかる時間は変わりません。

2 (1) ①**イ** ②**オ** (2) **ウ** (3) **ウ**

解説

(1)①**A**と**C**のふりこは，ふれはばがちがい，それ以外の条件が同じになっているので，**A**と**C**の結果を比べると，ふれはばとふりこが１往復する時間の関係がわかります。

②**B**と**D**のふりこは，ふりこの長さがちがい，それ以外の条件が同じになっているので，**B**と**D**の結果を比べると，ふりこの長さとふりこが１往復する時間の関係がわかります。

大切 調べたい条件以外がすべて同じ２つのふりこの結果を比べると，その条件が関係しているかどうかを調べることができます。

(2)(3)ふりこが１往復する時間は，ふりこの長さによって変わります。**A**と**B**はおもりの重さがちがいますが，ふりこの長さが同じなので，**B**のふりこが１往復する時間は，**A**と同じになります。

大切 ふりこが１往復する時間は，ふりこの長さによって変わります。

34 てこのはたらき

要点まとめ

▶本冊 P.106

①てこ ②力点 ③作用点 ④大きく
⑤小さく ⑥短く ⑦長く ⑧きょり
⑨等しい〔同じ〕 ⑩作用点 ⑪支点
⑫力点 ⑬支点 ⑭作用点 ⑮力点
⑯力点 ⑰作用点 ⑱支点

問題を解いてみよう！

▶本冊 P.108

1 (1) **オ** (2) **ア** (3) **イ，ウ**

解説

(1)ものに力がはたらくところ(おもりをつるすところ)(**A**)を作用点，棒を支えるところ(**B**)を支点，力を加えるところ(**C**)を力点といいます。

(2)点**B**を点**C**のほうに移動させると，支点から作用点までのきょりが長くなり，支点から力点までのきょりが短くなるので，手ごたえは大きくなります。

(3)支点から作用点までのきょりを短くし，支点から力点までのきょりを長くすると，より小さな力でものを持ち上げることができます。

大切 てこを使って小さな力で重いものを持ち上げるには，支点から作用点までのきょりを短く，支点から力点までのきょりを長くします。

2 (1) 左 (2) **ウ** (3) **イ，ウ**

解説

(1)左のうでをかたむけるはたらきは，10×6＝60で，右のうでをかたむけるはたらきは，20×2＝40なので，てこは左にかたむきます。

大切 てこのうでをかたむけるはたらきは，「力の大きさ（おもりの重さ）×支点からのきょり」で表すことができます。左右のうでをかたむけるはたらきが等しいとき，てこは水平につり合います。

(2)左にかたむいているので，右のうでにつるすおもりの数をふやして，右のうでをかたむけるはたらきを，左と同じ60にします。右のうでにつるすおもりの重さの合計を□とすると，□×2＝60より，□＝30となるので，右のうでの2の位置につるすおもりの数を合計3個にすると，てこは水平につり合います。

(3)左のうでのおもりの位置を動かすときは，左のうでをかたむけるはたらきを40にします。10×△＝40より，△＝4となるので，左のうでの6の位置につるした1個のおもりを4の位置に動かすと，てこは水平につり合います。また，右のうでのおもりの位置を動かすときは，右のうでをかたむけるはたらきを60にします。20×回＝60より，回＝3となるので，右のうでの2の位置につるした2個のおもりを3の位置に動かすと，てこは水平につり合います。

3 (1) **A** (2) **エ**

解説

(1)**A**が支点，**B**が力点，**C**が作用点で，ピンセットは，力点が支点と作用点の間にあります。

(2)トングは，ピンセットと同様に，力点が支点と作用点の間にあります。せんぬきは，作用点が支点と力点の間にあり，はさみ，くぎぬきは，支点が力点と作用点の間にあります。

35 電流のはたらき

要点まとめ ▶本冊 P.110

①金属 ②通す ③通さない ④回路 ⑤電流 ⑥＋極 ⑦－極 ⑧回路図 ⑨逆になる ⑩逆になる ⑪直列 ⑫並列(へいれつ) ⑬直列 ⑭並列

問題を解いてみよう！ ▶本冊 P.112

1 (1) 回路 (2) **X**
(3) かん電池…**イ** 豆電球…**エ**
(4) **イ**，**ウ**

解説

(1)輪になっている電気の通り道を回路といいます。

(2)電流はかん電池の＋極から豆電球を通って－極へ流れます。

(3)**ア**はスイッチ，**イ**はかん電池，**ウ**はモーター，**エ**は豆電球を表す電気用図記号です。

(4)アルミニウムや鉄などの金属は電気を通しますが，プラスチックやガラスなどは電気を通しません。

大切 鉄だけでなく，アルミニウムや銅などの金属も電気を通します。

2 (1) 並列つなぎ (2) **ア**
(3) **B**…**ウ** **C**…**ア** (4) **イ**

解説

(1)**B**のようなかん電池のつなぎ方を並列つなぎ，**C**のようなかん電池のつなぎ方を直列つなぎといいます。

(2)**A**と**B**はかん電池の向きが同じなので，モーターは同じ向きに回ります。**C**は**A**，**B**とかん電池の向きが逆になっているので，電流の向きが逆になり，モーターが回る向きも逆向きになります。

(3)かん電池2個を並列つなぎにしても，流れる電流の大きさはかん電池1個のときとほぼ同じになりますが，かん電池2個を直列つなぎにすると，流れる電流の大きさはかん電池1個のときより大きくなります。流れる電流が大きいほどモーターが回る速さは速くなるので，**B**は**A**と同じくらいの速さになり，**C**は**A**より速くなります。

大切 かん電池２個の並列つなぎでは，流れる電流の大きさはかん電池１個のときとほぼ同じになり，かん電池２個の直列つなぎでは，流れる電流の大きさはかん電池１個のときより大きくなります。

(4)かん電池の向きを逆にすると，電流の向きが逆になるので，モーターが回る向きも逆向きになります。電流の大きさは変わらないので，モーターが回る速さは変わりません。

36 電磁石の性質

要点まとめ ▶本冊 P.114

①コイル　②電磁石
③流れているときだけ　④入れかわる
⑤アンペア　⑥大きい　⑦多い

問題を解いてみよう！ ▶本冊 P.116

1 (1) 電磁石　(2) Ｓ極　(3) **イ**　(4) **ア**
(5) **エ**

解説

(1)コイルに鉄しんを入れて電流を流し，鉄しんが磁石の性質をもったものを電磁石といいます。

(2)方位磁針のＮ極が鉄しんの**X**のほうにふれているので，鉄しんの**X**は，Ｓ極になっています。

大切 磁石のちがう極どうしは引き合い，同じ極どうしはしりぞけ合います。

(3)鉄しんの**X**はＳ極なので，鉄しんの反対側のはしはＮ極になっています。よって，方位磁針のＳ極が引きつけられて**イ**のようになります。

(4)電磁石は電流が流れなくなると磁石の性質がなくなります。

大切 電磁石は，コイルに電流が流れているときだけ磁石の性質をもちます。

(5)かん電池の向きを逆にして，コイルに流れる電流の向きが逆になると，電磁石のＮ極とＳ極が逆になるので，方位磁針の針のふれる向きも逆になります。

2 (1) **ア**　(2) 1.6（Ａ）　(3) **B**　(4) **C**

解説

(1)電流計は，最初は最も大きい電流がはかれる５Ａの－たんしにつなぎます。

(2)５Ａの－たんしにつなぐと最大が５Ａなので，電流計の針は1.6Ａをさしています。

(3)(4)ゼムクリップの数は，流れる電流の大きさが大きいほど，また，コイルの巻き数が多いほど多くなります。
かん電池２個の直列つなぎにすると，かん電池１個のときより，流れる電流が大きくなります。かん電池２個の並列(へいれつ)つなぎでは，流れる電流の大きさはかん電池１個のときとほとんど変わらないので，〔実験〕の❶とほぼ同じになるのは，**B**の100回巻きで，かん電池２個の並列つなぎにしたときです。また，電磁石が最も強くなるのは，**C**の200回巻きで，かん電池２個の直列つなぎのときです。

37 発電と電気の利用

要点まとめ ▶本冊 P.118

①発電　②電流　③速く　④明るく
⑤光　⑥電流　⑦強い　⑧逆
⑨コンデンサー　⑩ちく電　⑪＋　⑫－
⑬長い　⑭音　⑮熱

完成テスト

生命・地球編 ▶本冊 P.120

1 花から実へ

おもな問題内容 花粉のはたらき

(1) ア　(2) A　(3) 種子

解説

(1)つぼみの中でおしべの先の花粉がめしべの先について受粉してしまうと，正しい実験結果が得られないので，つぼみの中で受粉しないようにおしべをとっておきます。

(2)めしべの先に花粉がつく(受粉する)と，めしべのもとの部分が実になります。Aは受粉しているので実ができますが，Bは受粉していないので実はできません。

まちがえたら▶本冊 P.21

(3)実の中には種子ができます。

大切 植物が受粉すると，めしべのもとの部分が実になり，実の中に種子ができます。

2 動物のつくりとはたらき(1)

おもな問題内容 消化管，臓器のはたらき

(1) 消化管　(2) A　(3) イ

解説

(1)食べ物が，口→食道(C)→胃(D)→小腸(B)→大腸(E)→こう門の順に通る通り道を消化管といいます。

(2)Aはかん臓で，食べ物は直接通りません。

(3)かん臓には，小腸で吸収された養分を一時的にたくわえるはたらきがあります。養分を吸収するのは小腸，血液を全身に送り出すのは心臓，不要になったものを血液中からとり除くのはじん臓のはたらきです。

まちがえたら▶本冊 P.31，P35

3 動物のつくりとはたらき(2)

おもな問題内容 呼吸，血液の流れ

(1) 肺　(2) A(・)C

解説

(1)酸素をとり入れて二酸化炭素を出すことを呼吸といいます。口や鼻から吸った空気は，気管を通って肺に運ばれ，肺で空気中の酸素の一部が血液中にとり入れられ，血液中から二酸化炭素が出されます。

(2)血液中にとり入れられた酸素は，全身に運ばれ，全身でできた二酸化炭素は血液中にとり入れられて肺に運ばれるので，全身から心臓にもどるC，心臓から肺に流れるAには，二酸化炭素を多くふくむ血液が流れています。

まちがえたら▶本冊 P.34

大切 肺では，空気中の酸素の一部が血液中にとり入れられ，血液中から二酸化炭素が出されます。

4 植物のつくりとはたらき

おもな問題内容 蒸散

(1) ウ　(2) 蒸散

解説

(1)根，くき，葉には水の通り道があり，根から吸い上げられた水は，くき，葉を通って，おもに葉から水蒸気となって出ていきます。まちがえたら▶本冊 P.38

(2)植物のからだから，水が水蒸気となって出ていくことを蒸散といいます。水蒸気は，葉に多くある気こうとよばれる小さな穴から出ていきます。

大切 根から吸い上げられた水が，おもに葉から水蒸気となって出ていくことを蒸散といいます。

5 天気の変化

おもな問題内容 雲と天気

(1) イ　(2) エ　(3) ウ

解説

(1)雨や雪が降っていないときの天気は，空をおおう雲の量で決めます。空全体の広さを10としたときの雲の量が0～8のときは晴れ，9，10のときはくもりなので，1日目と2日目は晴れ，3日目はくもりです。

まちがえたら▶本冊 P.48

(2)低い空をおおう黒っぽい雲は乱層雲です。この雲が出ると，うす暗くなり，やがて雨が降り出します。

(3)乱層雲は低い空全体に広がり，広い地域に長い時間弱い雨を降らせます。

大切 雨を降らせる代表的な雲には，乱層雲や積乱雲があります。乱層雲は低い空全体に広がって弱い雨を長時間降らせます。積乱雲は低い空から上へ大きくのびる雲で，かみなりをともなう大雨を降らせることがあります。

6 太陽と月

おもな問題内容 下弦の月，太陽と月の位置関係と月の形

(1) イ　(2) E

解説

(1)左半分が光って見える半月を下弦（かげん）の月といいます。下弦の月は，午前6時ごろ，南の空に見えます。

まちがえたら▶本冊 P.54

(2)太陽がある側が明るく光って見えます。Eの位置にあるとき，地球から見ると太陽が月の左側にあるので，月の左半分が光って見えます。

まちがえたら▶本冊 P.55

大切 月の形が日によって変わって見えるのは，月と太陽の位置関係が変わるからです。

7 星の動き

おもな問題内容 冬の星座，星の動き

(1) オリオン座　(2) ベテルギウス

(3) Y

解説

(1)オリオン座は冬の代表的な星座です。

(2)オリオン座のベテルギウス，こいぬ座のプロキオン，おおいぬ座のシリウスの3つの1等星を結んでできる三角形を冬の大三角といいます。オリオン座のもう1つの1等星はリゲルです。

まちがえたら▶本冊 P.58

(3)南の空の星は東から西のほうへ動いて見えるので，Yの方向に動いて見えます。

まちがえたら▶本冊 P.59

大切 東の空の星は，東のほうから南のほうへ右上がりに，南の空の星は東から西のほうへ，西の空の星は右下がりに動いて見えます。北の空の星は，北極星を中心に時計の針と反対の向きに回っているように見えます。

8 流れる水のはたらき

おもな問題内容 曲がって流れる水のはたらき

(1) たい積　(2) ウ

解説

(1)流れる水が土や石を積もらせるはたらき

をたい積といいます。

(2)川の曲がっているところでは，内側より外側のほうが流れが速いので，Aの部分はBの部分より，流れがおそいです。また，流れがおそいところでは，たい積のはたらきが大きくなります。

まちがえたら▶本冊 P.63

大切 流れが速いところでは，しん食や運ぱんのはたらきが大きくなり，流れがおそいところでは，たい積のはたらきが大きくなります。

完成テスト

物質・エネルギー編 ▶本冊 P.124

1 水のすがた

おもな問題内容 水を熱したときの温度変化，水のすがた

(1) ウ　(2) イ

解説

(1)水は約100℃になると，さかんにあわを出してふっとうします。ふっとうしている間は約100℃のまま温度は変わりません。

(2)水がふっとうすると気体の水蒸気になります。白いけむりのようなものは，この水蒸気が空気中で冷やされて目に見える液体の小さなつぶになったもので，湯気といいます。

まちがえたら▶本冊 P.80

大切 水を熱するとふっとうして気体の水蒸気になり，水蒸気を冷やすと液体の水にもどります。

2 もののとけ方

おもな問題内容 水にとけたものをとり出す方法

(1) ホウ酸　(2) 3.9（g）　(3) ウ

解説

(1)50℃と10℃の水50mLにとける量は，ホウ酸では差がありますが，食塩では差があまりありません。よって，温度を下げたときに小さなつぶが出てきたビーカーAに入れたのはホウ酸で，小さなつぶがほとんど出てこなかったビーカーBに入れたのは食塩です。

(2)50℃の水50mLにとけるホウ酸は5.7g，10℃の水50mLにとけるホウ酸は1.8gなので，出てくる小さなつぶの重

さは，5.7－1.8＝3.9〔g〕です。

(3)食塩は水の温度が下がってもとける量がほとんど変わらないので，水溶液の温度を下げてもほとんどつぶが出てきません。食塩をとかした水溶液を熱して水を蒸発させると，つぶをとり出すことができます。

まちがえたら▶本冊 P.84，85

大切 食塩は，水の温度が変わってもとける量がほとんど変わりません。食塩をとかした水溶液からつぶをとり出すときは，水溶液を熱します。

3 水溶液の性質

おもな問題内容 炭酸水の性質

(1) 二酸化炭素　(2) 青（色）

(3) 酸（性）

解説

(1)炭酸水は二酸化炭素がとけている水溶液です。

(2)(3)炭酸水は酸性の水溶液なので，青色のリトマス紙につけるとリトマス紙の色が赤色に変化します。

まちがえたら▶本冊 P.88

大切 酸性の水溶液は，青色リトマス紙を赤色に変化させ，アルカリ性の水溶液は赤色リトマス紙を青色に変化させます。

4 ものの燃え方

おもな問題内容 ものが燃えるときの空気の変化

(1) ウ　(2) ア

解説

(1)空気中にふくまれる気体で，体積の割合が最も大きい気体はちっ素で，約78％です。次に大きいのは酸素で約21％，二酸化炭素は約0.04％です。

(2)ものが燃えると，空気中の酸素の一部が使われて，二酸化炭素ができます。よって，ろうそくの火が消えたあとの空気は，火のついたろうそくを入れる前の空気と比べて，酸素の割合が小さくなり，二酸化炭素の割合が大きくなります。

まちがえたら▶本冊 P.93

大切 ものが燃えると，空気中の酸素の一部が使われて，二酸化炭素ができます。

5 ふりこのきまり

おもな問題内容 ふりこが1往復する時間

(1) ①A（と）B　（順不同・完答）

②A（と）E　（順不同・完答）

(2) ア

解説

(1)①AとBのふりこは，おもりの重さがちがい，それ以外の条件（ふれはば，ふりこの長さ）は同じになっているので，AとBの結果を比べると，おもりの重さとふりこが1往復する時間との関係がわかります。

②AとEのふりこは，ふりこの長さがちがい，それ以外の条件（おもりの重さ，ふれはば）は同じになっているので，AとEの結果を比べると，ふりこの長さとふりこが1往復する時間との関係がわかります。

大切 調べたい条件以外はすべて同じ2つのふりこの結果を比べると，その条件が関係しているかどうかを調べることができます。

(2)ふりこが1往復する時間は，ふりこの長さによって変わります。A，B，Cのふりこは，おもりの重さやふれはばがちがいますが，ふりこの長さが同じなので，

Cのふりこが１往復する時間は，Ａ，Ｂと同じ1.0秒です。

まちがえたら▶本冊 P.103

6 てこのはたらき

おもな問題内容 てこのつり合い

(1) ア　(2) ６（個）

解説

(1)左のうでをかたむけるはたらきは，30×６＝180，右のうでをかたむけるはたらきは，40×３＝120より，てこは左にかたむきます。

まちがえたら▶本冊 P.107

大切 てこのうでをかたむけるはたらきは，「力の大きさ（おもりの重さ）×支点からのきょり」で表すことができます。

(2)左のうでをかたむけるはたらきを120にすれば水平につり合います。力の大きさを□とすると，□×２＝120より，□＝60となるので，左のうでの２の位置に10ｇのおもりを６個つるすとつり合います。

7 電流のはたらき

おもな問題内容 かん電池のつなぎ方と電流

(1) 直列つなぎ　(2) 右　(3) ア

解説

(1)かん電池の＋極と別のかん電池の－極がつながっているつなぎ方を直列つなぎといいます。

(2)図１の回路と図２の回路はかん電池の向きが同じなので，同じ向きに電流が流れます。よって，検流計の針は図１の回路と同じ右にふれます。

(3)かん電池２個を直列つなぎにすると，かん電池１個のときより流れる電流の大きさが大きくなります。電流が大きいほど豆電球は明るくなります。

まちがえたら▶本冊 P.111

大切 かん電池２個の直列つなぎでは，流れる電流の大きさはかん電池１個のときより大きくなります。かん電池２個の並列（へいれつ）つなぎでは，流れる電流の大きさはかん電池１個のときとほぼ同じになります。

8 電磁石の性質

おもな問題内容 電磁石の極

(1) 北　(2) 東

解説

(1)電磁石は，電流が流れなくなると磁石の性質がなくなるので，方位磁針のＮ極は北をさして止まります。

(2)電流の向きが逆向きになると，電磁石のＮ極とＳ極も入れかわるので，方位磁針のＮ極は東をさします。

まちがえたら▶本冊 P.114

大切 電磁石は電流が流れているときだけ磁石の性質をもちます。

のびしろチャート

完成テストの結果から，きみの得意分野とのびしろがわかるよ。
中学校に入ってからの勉強に役立てよう。

のびしろチャートの作り方・使い方

①下の表をみて，章ごとに正答できた問題数を点●でかきこもう。
②すべての章に点●をかきこめたら，順番に線でつないでみよう。

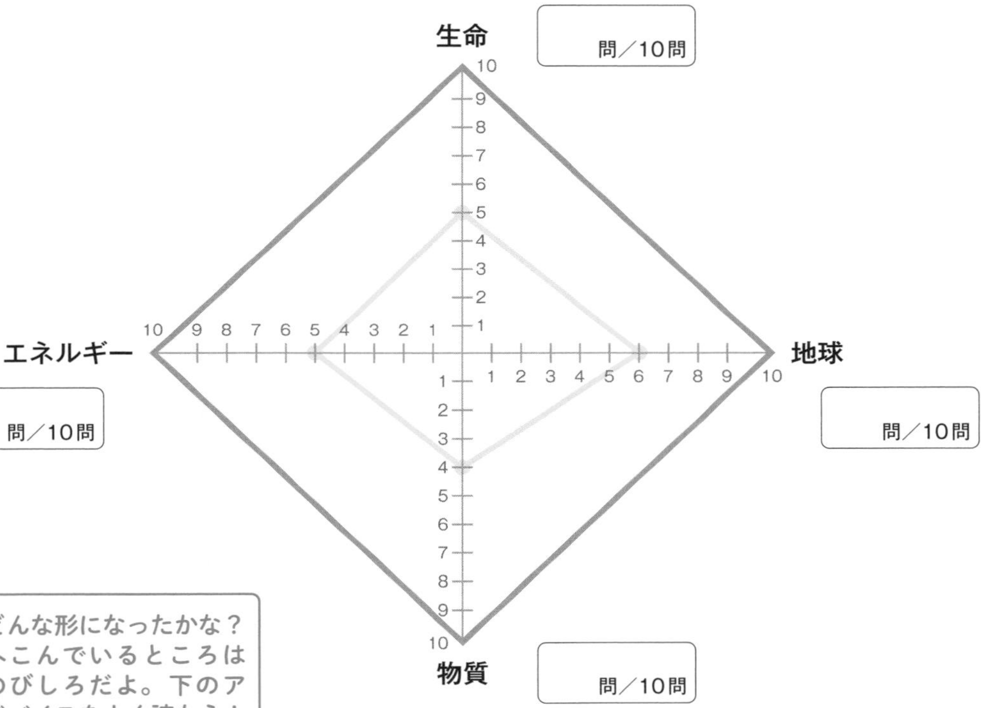

どんな形になったかな？
へこんでいるところは
のびしろだよ。下のア
ドバイスをよく読もう！

中学校に入る前にしっかりわかる！ アドバイス

章	問題	アドバイス
生命	生命・地球編 1 ～ 4	中学校では，植物や動物の分類，からだのつくりとはたらきについて，さらにくわしく学習するよ。
地球	生命・地球編 5 ～ 8	天気の変化や，太陽や月の動き，星の動きについて，しっかり覚えておこう。中学校でもくわしく学習するよ。
物質	物質・エネルギー編 1 ～ 4	中学校では，水のすがただけでなく，いろいろなもののすがたについて学習するよ。もののとけ方や水溶液(すいようえき)の性質についてもさらにくわしく学習するので，しっかりおさえておこう。
エネルギー	物質・エネルギー編 5 ～ 8	電流のはたらきは，中学校では公式を使って電流の大きさなどを計算するよ。